育儿百科

0~1岁儿童保健常见问题解答

《育儿百科》编委会 编著

 微信扫码

和华西妇幼专家一起科学育儿

四川人民出版社

尔文

趣物博思　科学智识

编委会

BIANWEIHUI

名誉主编：

杨　凡

主编：

陈大鹏　杨　帆

副主编：

翟松会　陈　姝

编委：（排名不分先后顺序）

陈丹丹　陈　姝　邓　辉　冯　梅　冯　爽　何　建

蒋雪梅　刘　娜　刘乾亮　彭凤华　秦　红　秦　娅

任　露　唐远军　王　锐　夏时佳　谢红红　杨　路

姚　叶　叶　雨　易思健　张　倩　张　勋　张紫熙

朱俐光

图书在版编目（CIP）数据

育儿百科：0—7岁儿童保健常见问题解答 /《育儿百科》编委会编著 . -- 成都：四川人民出版社，2024.8

ISBN 978-7-220-13667-2

Ⅰ . ①育… Ⅱ . ①育… Ⅲ . ①婴幼儿—哺育—问题解答 Ⅳ . ① TS976.31-44

中国国家版本馆 CIP 数据核字 (2024) 第 091216 号

YU'ER BAIKE : 0—7 SUI ERTONG BAOJIAN CHANGJIAN WENTI JIEDA

育儿百科：0—7岁儿童保健常见问题解答

《育儿百科》编委会　编著

出 版 人	黄立新
策划组稿	赵　静
责任编辑	赵　静　荆　菁
营销编辑	荆　菁
封面设计	李秋烨
版式设计	李秋烨
责任印制	周　奇
融合出版编辑	李真真　袁　璐　赵　静　荆　菁
出版发行	四川人民出版社（成都市三色路 238 号）
网　　址	http://www.scpph.com
E-mail	scrmcbs@sina.com
新浪微博	@ 四川人民出版社
微信公众号	四川人民出版社
发行部业务电话	（028）86361653　86361656
防盗版举报电话	（028）86361653
排　　版	四川看熊猫杂志有限公司
印　　刷	成都市东辰印艺科技有限公司
成品尺寸	125 mm×185 mm
印　　张	12
字　　数	175 千
版　　次	2024 年 8 月第 1 版
印　　次	2024 年 8 月第 1 次印刷
书　　号	ISBN 978-7-220-13667-2
定　　价	98.00 元

序

习近平总书记强调，推进强国建设、民族复兴伟业，儿童是未来生力军。党和政府非常关心下一代的健康与发展，做好儿童时期的喂养及心理健康的指导尤为重要。随着信息时代的不断发展，网络上关于儿童养育的信息纷杂，如何获取正确的养育信息？针对家长养育儿童面临的主要问题和健康需求，在四川省医疗卫生与健康促进会妇幼健康管理与专科建设专业委员会专家的指导下，我们专门编写了本书，旨在向家长们科普儿童喂养、常见疾病、心理行为及中医育儿等方面的相关知识。

本书通过对117个婴幼儿常见养育问题进行解答，旨在帮助和指导家长们正确养育孩子，助力儿童的身体和心理健康成长。同时，该书图文并茂、用语通俗易懂，便于家长阅读理解和实操应用。

　　在本科普书籍编写过程中，来自四川大学华西第二医院、成都市成华区妇幼保健院及成都市成华区第七人民医院等机构的专家给予了大力支持，在此对参与的机构和专家表示衷心的感谢。编写过程中难免出现错误和疏漏，敬请同行批评指正。

名誉主编：杨凡

2023 年 11 月 18 日

目 录

III 消化营养篇

IV 生长发育篇

V 耳鼻咽喉保健篇

VI 眼保健篇

VII 口腔保健篇

VIII 免疫接种篇

IX 中医保健篇

X　常见疾病篇

XI　行为心理精神篇

Ⅰ 新生儿篇

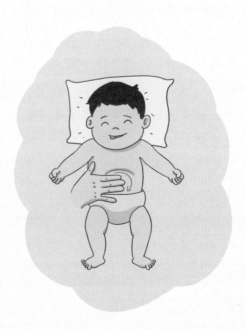

一、新生儿需要喝水吗?

世界卫生组织和联合国儿童基金会建议,在新生儿出生后 1 小时内开始母乳喂养;在新生儿出生后 6 个月内坚持纯母乳喂养,即不喂任何其他食物或液体,包括不喂水。因为母乳中水分含量约为 87.5%,即使是在炎热和干旱的气候中,也足以满足健康新生儿的所有水分需求。

配方奶喂养的新生儿,只要家长严格按照标准配奶,也不需要喂水,因为配方奶的含水量能达到 85%—90%。

因此,健康的新生儿是不需要额外喂水的!

给健康新生儿喂水有以下危害:

★喂水会减少母乳的摄入量,可能会造成新生儿营养不良。

★水会增加新生儿的肾脏负担,严重情况下还会造成电解质紊乱。

此外,下列情况的新生儿也是不需要喂水的,即可能存在的喝水误区。

1. 嘴唇干裂

这种情况多见于气候干燥的秋冬季节，为新生儿口唇涂抹羊脂膏或其他安全的油即可缓解。

2. 皮肤干燥、脱皮

多数刚出生的新生儿都存在不同程度的皮肤脱皮问题，这和离开了母体中充满羊水的环境有关，外界环境比母体干燥，而脱皮也是新生儿对环境的一个适应过程，不需要进行特殊处理。

3. 红斑

很多家长会认为新生儿红斑是"上火"的表现，其实不然，这种红斑多是因为新生儿皮肤表面角质层尚未形成，真皮较薄，纤维组织少，在毛细血管网发育良好的情况下，一些轻微刺激如衣物触碰、药物使用便会使皮肤充血，其常常表现为大小不等、边缘不清的多形红斑，多见于头部、面部、躯干及四肢，新生儿不会有不适感，因为红斑是正常生理变化，所以无须处理，通常1—2天便会自行消退。

4. 尿少

新生儿的正常尿液是淡黄色、清亮透明的，其出生 72 小时后尿量约 100—300ml/天，当其尿量少于每小时 1ml/kg 时，应考虑是否有喂养不足，若有，则适当增加喂养次数及奶量后即可改善。

5. 便秘

若新生儿连续 2—3 天甚至 15 天不排大便，但是腹部柔软不胀，也无痛苦的表现，且排便时排出的是黄色软便，无硬块，量不是特别多，这种情况就是传说中的"攒肚"，不需要额外喂水。

6. 腹泻

母乳中的低聚糖能帮助新生儿建立正常的肠道菌群，提高肠道内渗透压，刺激肠蠕动，同时具有轻泄作用，能促进大便的排出。

7. 发热

轻度发热时，频繁的母乳喂养不仅能增加新生儿对水分的摄入量，母乳中的免疫活性成分还能帮助其抵御细菌和病毒的感染，发挥免疫调节功能。

8. 天气热

正常的足月新生儿，皮肤屏障功能较成熟，即便在炎热环境中，其经皮肤丢失的水分也不多，正常喂养即可满足其日常所需水分。

（谢红红）

二、怎样理解晚期新生儿"振长"？

很多新生儿爸妈会观察到，宝宝经常憋劲儿蹬腿、满脸通红。宝宝在吃奶时这样，睡觉时也这样，有时候还会发出"嗯嗯"的声音，双手紧握拳头，很难受的样子，好像人大便时有困难一样，又好像在挣扎什么似的，这是怎么回事儿呢？这可能有 6 个原因。

1. 神经系统发育不完善

新生儿刚出生，神经系统发育不完善，对于这个陌生的环境需要逐步适应，当宝宝睡着后稍微听到一点儿声音，就可能被吓醒；甚至有时候自己放个屁也会把自己吓一跳，然后他们会踢一下、哼唧几声等。

★ 建议：出生 3 个月内的宝宝，可以通过"裹襁褓"模拟在妈妈肚子里的环境（图 1），增加些束

图 1　裹襁褓示意图

缚感，有助于增强宝宝安全感，这样也可以让宝宝睡得踏实一些。

2. 生长速度过快

宝宝的皮肤、肌肉、骨骼都在快速生长，对于这种不适感，宝宝会通过挥动胳膊、蹬腿、哼哼唧唧等表现来缓解。宝宝出生的 3 个月内，体重能增长一倍，身长也比出生时长 20% 以上。

★建议：宝宝处于快速生长期时，家长可以经常帮宝宝做抚触操，按摩宝宝的小身体，这也有助于缓解宝宝生长带来的不适感。

3. 消化系统发育不成熟

在妈妈的肚子里时，宝宝的营养会直接通过脐带输送；但宝宝出生后，就需要自己吃奶，然后经胃肠道完成消化吸收及排泄。这个过程从开始到成熟，需要一段时间来逐渐发育。另外，出生 3 个月内的宝宝生长发育很快，为了满足自身快速生长，宝宝会吃得多、拉得多，这样会使不成熟的消化系统"压力"更大。为了缓解肠胃的"压力"，宝宝就可能经常扭动身体来让自己更舒服一些，这也就是家长们经常看到的宝宝憋劲儿、蹬腿、哼唧等表现。

★**建议**：刚出生的宝宝，胃是呈水平位的，容量也小，胃的出口紧、入口松，再加上宝宝大脑皮层控制反射的能力差，其吃完奶后，奶水就会反流出来，引起溢奶和吐奶。因而宝宝每次喝奶后，家长都要给宝宝拍嗝，必要时应少食多餐。

4.深浅睡眠转换

小宝宝的深浅睡眠转换周期很短，出生不久的婴儿大概20分钟就会转换一次。随着月龄的增加，宝宝的睡眠周期会发生改变。深睡眠的周期会延长，逐渐趋向于成人睡眠。当深浅睡眠转换时，宝宝可能会出现哭闹、蹬腿、哼唧，感觉像快要醒来一样，这和成人睡眠期间出现翻动身体、伸懒腰的情况是一样的（图2）。

图2 深浅睡眠转换时的表现

★建议：当家长发现睡着的宝宝有这样的动作时，可以轻拍宝宝，帮助宝宝接觉。如果这招不好使，家长可以俯下身子，轻轻地挨着宝宝，增加宝宝的安全感，同时继续轻拍宝宝。如果还是不行，或者宝宝睁开眼睛等，便要查看宝宝是不是尿了或拉了，是否需要换尿不湿；或者差不多到了该吃奶的时间，宝宝饿了，便需要给宝宝喂奶；或者宝宝单纯是睡醒了，想让家长陪伴等。

5.肠胀气或肠绞痛

除了上述表现，平时宝宝清醒的时候，若有持续的烦躁、哭闹（比如每天在固定时间点哭闹，尤其是傍晚或晚上，并且是一阵一阵地哭——肚子痛的时候会哭闹得更厉害）、

图3　宝宝肠道胀气

总放臭屁、肚子咕咕响，那宝宝可能是有肠胀气或肠绞痛了（图3）。肠胀气也是会影宝宝睡觉的，宝宝睡着时肚子胀气，自然会表现出难受的样子，甚至哭闹等。

★**建议**：宝宝难受得厉害时，家长可以用"飞机抱"的方式抱一会儿宝宝，或通过裹襁褓、按揉肚子等方法让宝宝安静下来，最好不要频繁给宝宝吃奶，有时喂奶反而会加剧肠胀气。平时喂奶后，家长一定要帮宝宝拍嗝，经常帮宝宝以顺时针方向按摩小肚子。宝妈以母乳喂养时，最好避免吃刺激性和容易胀气的食物。这些方法都可以帮助宝宝有效预防和缓解肠胀气（图4）。

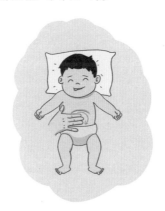

图4　按摩宝宝的小肚子

6. 太热了

由于宝宝穿得多、盖得厚，或者天气热家里温度高，宝宝因为热而出汗多，这时宝宝热得难受，但又不会说话，只能向家长发出这样的信号——蹬腿、抓脸、哼唧等，以此告诉家长"我热啦"。

★**建议**：当宝宝有这些表现时，家长也可以摸摸宝宝脖子后颈部，看是不是热了，身上有没有出汗，甚至湿了衣服，如的确有这样的表现，那就要注意给宝宝穿少盖薄。建议宝宝穿盖的衣物跟爸爸一样多。如果家里也热的话，应注意开窗通风或是开空调、电风扇来降温，让宝宝感觉舒服就好了。

（何建）

三、新生儿红斑是热出来的吗？

宝宝生下来不久全身出现红斑（图1），有人可能会认为是宝妈怀孕时辣的吃多了、月嫂或家里老人给娃娃穿或盖厚了、奶粉吃了"上火"、水喝少了等。

图1 新生儿红斑

其实，目前新生儿红斑的病因尚未明确，存在两种可能的解释：一是新生儿在吸吮乳汁时经胃肠道吸收了某种致敏原，或是吸收了来自母体的某种内分泌激素，导致超敏反应而出现皮肤红斑；二是新生儿皮肤娇嫩，皮下血管丰富，角质层发育不完善，其从羊水浸泡的环境中一下子来到外部环境中，容易受到空气、衣服或洗浴用品的刺激，使得皮肤血管易扩张而出现红斑。

新生儿红斑有什么特点呢？

★红斑通常发生于颜面部、躯干、皮肤皱褶部位和四肢近端，但掌跖不受累；皮疹多以颜面、躯干为重，表现为大小不一、形状不规则的片状红斑、潮红，边界不清，红斑基础上或红斑中央可见淡黄色丘疹及脓疱。

★红斑是新生儿期特有的现象，发生率为30%—70%，在其出生24—48小时迅速增加，并达到高峰期，一般不超过72小时，到了96小时左右开始减轻。

★新生儿红斑对宝宝没什么影响，不痛也不痒，具有自限性，一般不需要治疗。

当新生儿出现红斑后，家长们要做好以下几件事：

★注意保持宝宝皮肤清洁干燥。

★控制好室温和沐浴水温，若过热会使宝宝身上的红斑增多。

★避免让宝宝接触刺激性物品。

★该穿多少穿多少，不要因突然减少衣物而导致宝宝受凉感冒。

家长们，关注上述4点就能大大降低新生儿红斑的发生概率，从而让宝宝拥有健康粉嫩的皮肤。

（秦红）

四、新生儿吐奶、呛奶，该怎么办？

吐奶是新生儿期常见症状之一。

新生儿胃容量较小，食管较松弛，胃呈水平位，幽门括约肌发育较好而贲门括约肌发育较差，胃酸及蛋白酶的分泌不足，肠道蠕动的神经调节尚未发育成熟。这使新生儿，尤其是早产儿，很容易产生吐奶的现象（图1）。

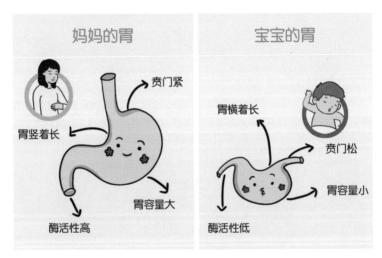

图1 妈妈胃与宝宝胃的比较

　　若宝宝较长时间吐奶，容易引起水、电解质紊乱和酸碱平衡失调，甚至营养不良。同时，吐奶易引起呛奶。呛奶是指婴儿在吃奶过程中或吐奶后，奶汁误入气道，这容易引起窒息或吸入性肺炎。在宝宝吐奶、呛奶后，家长们该怎么做呢？下面以一张图说清家庭处理流程（图2）。

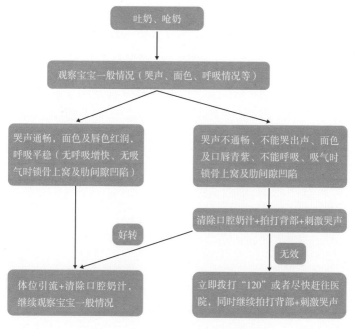

图2　吐奶、呛奶后家庭处理流程图

1.观察

宝宝呛奶后，家长应首先观察宝宝的一般情况（哭声、面色、呼吸等），如宝宝哭声连续、响亮，面色及唇色红润，呼吸平稳（无呼吸增快、无吸气时锁骨上窝及肋间隙凹陷），则可清除宝宝口腔余奶后在家自行观察；若宝宝出现哭声不通畅、不能哭出声、面色及口唇青紫、不能呼吸、吸气时锁骨上窝及肋间隙凹陷等表现，则应立即实施抢救，同时尽快赶往医院或者拨打"120"。

2.体位引流

宝宝吐奶、呛奶后，应使宝宝保持平躺位且脸侧向一边，或者呈侧卧位，严禁斜抱或者竖抱（即头部高于躯干部），防止奶汁再次流入咽喉及气管。

3.清除口腔奶汁

宝宝吐奶、呛奶后，若口腔奶水较多，可迅速用手指缠绕手帕、毛巾深入孩子口腔，把口腔内的奶汁清除干净，避免奶汁阻碍呼吸，同时可预防奶汁再次反流进入气道。

4.拍打背部

如发现宝宝憋气不能呼吸或面色、口唇青紫，应马上使其趴在家长膝盖或者手臂上，头部略向下倾斜，同时用力拍打背部，使其能够咳出奶汁，至患儿出现连续、响亮的哭声后则可停止拍背。

5. 刺激哭声

用力拍打宝宝背部或者用力弹足底，使其感到疼痛而哭叫或者咳嗽，有利于其将气管内奶汁咳出，缓解呼吸困难表现。

那么，如何预防宝宝吐奶、呛奶的发生呢？家长应注意以下几点。

1. 注意喂奶的含接姿势

宝妈以母乳喂奶时应注意使宝宝含住整个乳头及大部分乳晕，避免宝宝吃奶时吸入空气引发呛奶。

2. 避免奶水流量过大及流速过快

宝妈以母乳喂养时应注意乳头出奶量，若出奶量过大，则应适当捏住乳头进行喂养，防止宝宝吸入奶量过大引起吐奶、呛奶；同理，若为人工喂养，家长则应选择适当的奶嘴，注意奶嘴大小及奶嘴孔隙的大小不合适而引发宝宝吐奶、呛奶。

3. 喂奶后拍背

家长喂奶后，可将宝宝竖抱，头部斜靠在家长肩膀上，用手轻拍背部5—10分钟，使其将咽下的空气拍出。

家长应避免喂奶后立即翻动宝宝，如避免更换尿不湿等操作。若经过以上操作后，宝宝仍有频繁吐奶、呛奶的现象，则应立即送其至医院就诊，了解是否有感染、胃食管反流、颅内压升高、消化道外科异常等情况。

（张紫熙）

五、新生儿皮肤发黄，该怎么办？

新生儿皮肤发黄，其实就是新生儿黄疸。新生儿黄疸是宝宝在新生儿时期胆红素代谢异常，引起血液中胆红素水平升高，从而出现新生儿的皮肤、黏膜及巩膜黄染的现象（图1）。

图1 新生儿正常皮肤与新生儿黄疸皮肤对比

引起新生儿黄疸的原因很多，包括以下方面：

★胆红素生成过多，如同族免疫性溶血、葡萄糖－6－磷酸脱氢酶（G－6－PD）缺乏、红细胞形态异常、红细胞增多症、血管外溶血、感染等。

★肝脏摄取、结合胆红素能力低下，如窒息、缺氧、低血糖、甲状腺功能减退、垂体功能低下、药物等。

★胆红素排泄障碍，如新生儿肝炎、先天性胆管闭锁等。

★肠肝循环增加，如肠道闭锁、幽门肥大、饥饿、喂养延迟、母乳性黄疸等。

那么，发生黄疸对新生儿有什么影响呢？回答这个问题，我们要了解生理性黄疸与病理性黄疸。宝宝出生后第1周，绝大多数都会出现黄疸，大多数是在2—3天出现、4—5天达到高峰、7—10天消退，此即常说的生理性黄疸。但是如果小朋友黄疸出现时间早、持续时间长、黄疸程度重，甚至出现发热、气促、反应差、嗜睡等表现，就需要警惕宝宝有无其他疾病引起的病理性黄疸。

黄疸过高对新生儿的危害极大。血脑屏障存在于血液及脑组织之间，阻拦血液中有害物质进入大脑，而新生儿血脑屏障未发育完善，胆红素又具有神经毒性，若血液中胆红素浓度过高，易透过血脑屏障进入大脑，引起胆红素脑病，对神经系统有不可逆损伤。所以需要密切监测，尽早干预。

目前，医疗上已不再强调确定新生儿黄疸的生理性和病理性，更需要重视的是黄疸的干预值，无论是什么原因引起的黄疸，结合患儿日龄胆红素列线以及是否存在高危因素，达到需要干预的指征便应积极治疗。

黄疸的监测，对于其是否需要处理非常重要。黄疸的监测方法主要有以下方面：

★在光线明亮的环境下，用手指按压宝宝皮肤使之变白，肉眼观察宝宝按压后的面部、躯干、手足心皮肤有无变黄，或眼白有无变黄，轻度黄染可仅局限于面部，若黄染范围扩大至躯干、手足心，则应及时就医。

★使用经皮胆红素测定仪监测，这是最快捷简便的方法，用于初步筛查黄疸。

★静脉采血测定血液中胆红素值，这是诊断新生儿高胆红素血症的"金标准"，若筛查发现宝宝经皮胆红素值偏高，应进一步查血确诊。

对于新生儿黄疸的治疗，有以下两种情况：

★黄疸未达干预值，可加强喂养，母乳不足适当添加配方奶，多吃多排，促进肠肝循环，加速胆红素排出；同时应观察宝宝有无嗜睡、反应低下、烦躁、发热、气促、呕吐等情况，并观察宝宝大小便的量与颜色，有无茶色、酱油色小便与白色大便；继续肉眼观察宝宝皮肤黄染有无加重，若出现相关异常或黄疸加重，应及时就医。

★黄疸达到干预值，应及时就医，进行"照蓝光"治疗，这是目前最有效、安全、便捷的降低黄疸的方法。

（冯爽）

六、新生儿脐部红肿、渗液，
##　　该怎么办？

当家长们看到新生儿时，都会注意到宝宝的脐部（图1）。

刚出生时的脐带

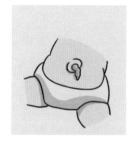

出生约3天的脐带

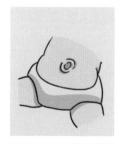

出生约7—10天残端刚脱落、
可能少许渗血的脐带

脐带残端脱落约1周后

图1　出生后正常脐脐带变化图

脐部是细菌侵入新生儿体内的一个门户，如果护理不当，轻者发生新生儿脐炎（图2），重者引起新生儿败血症甚至死亡，所以新生儿的脐部护理非常重要，家长一定要提高警惕！

宝宝脐部皮肤发红，有黄色脓性分泌物，甚至有臭味，这就是脐炎。

图2 新生儿脐炎

引起脐炎最常见病因的是金黄色葡萄球菌，其次是大肠埃希菌。这些细菌普遍存在于人和动物的皮肤、鼻腔、咽喉以及空气、污水等环境中，无处不在。因此为避免脐炎的发生，我们在日常护理新生儿时，要做到以下几点：

★护理宝宝前要先洗手。

★每日观察宝宝脐带有无潮湿、渗液和脓性分泌物（脐带残端刚脱落时脐带根部和腹部交界处可能会有少量浑浊的粘液物质）。

★选择透气性好的纸尿裤。

★穿纸尿裤时，应将纸尿裤前面向下折到宝宝肚脐以下，避免摩擦肚脐，或让肚脐沾到尿液和粪便引发感染，如果纸尿裤潮湿或有粪便污染应及时更换。

★保持宝宝身体干燥，不要摩擦脐部，每日沐浴后使用无菌棉签去除脐窝里的水。随着生活环境及医疗卫生水平的提高，目前已不再常规推荐使用消毒剂如聚维酮碘、乙醇等消毒脐带。

★宝宝的脐带长时间不脱落，应观察是否断脐时结扎不牢，考虑重新结扎。

那么，如果宝宝已经发生了脐炎，家长朋友们又应该怎么护理呢？

1. 居家护理

宝宝患轻微的脐炎，脐周没有扩散情况时，可居家护理，即沐浴后，采用浓度75%的酒精从脐根部由内向外环形彻底清洗消毒感染伤口，每日

2—3次。有少许脓性分泌物者，可采用浓度3%的双氧水或碘伏进行清洗，每日2—3次。

2.药物治疗

当发现宝宝脐部有明显脓液、脐周有扩散，特别是伴有发热、吃奶差、精神不好或烦躁不安的情况时，即提示脐炎严重。此时，除局部消毒处理外，还应进行抗生素治疗，要及时送医院诊治，以免出现更严重的败血症。

（蒋雪梅）

Ⅱ 母乳喂养篇

七、一定要进行母乳喂养吗?

母乳中含有 2000 多种成分,其中对宝宝有益的有 300 多种,是最适合宝宝食用的食物(图 1)。其中,水分、碳水化合物、脂肪、蛋白质、矿物质、维生素等众多营养成分对宝宝的生长发育至关重要。

图 1　母乳喂养

1. 水分

水分是宝宝健康成长的重要物质之一，母乳中水分占 87%，能够满足宝宝生长发育所需的水分。

2. 碳水化合物

母乳中的主要碳水化合物是乳糖，占宝宝所需营养的 40%—50%，是较好的营养物质之一。

3. 脂肪

脂肪占母乳的 50%，可为宝宝提供足量的脂肪、热量，对维持其各器官发育具有重要作用。

4. 蛋白质

蛋白质占母乳的 9%，主要由酪蛋白和乳清蛋白组成，其中酪蛋白含磷少，其在胃中遇酸后形成的凝块小，易被消化；而乳清蛋白有利于促进乳糖蛋白的合成。此外，母乳中还有乳铁蛋白、白蛋白、免疫球蛋白等多种对宝宝有益的蛋白质成分。

5. 矿物质

母乳中包含的矿物质有钙、磷、镁、钠、锌、铁、铜等。虽然母乳中的钙、磷成分可能没有奶粉高，但是两者比例适合，更易被宝宝消化、吸收。

6. 维生素

母乳中除维生素 K 和 B 族维生素含量较低外，其他维生素的含量均可满足宝宝的生长发育所需，尤以维生素 A、尼克酸以及维生素 C 含量较高。

此外，母乳中还有不可替代的免疫成分，属于营养性被动免疫，对宝宝免疫功能的发育和成熟具有重要作用，而且母乳喂养能够有效降低宝宝发生消化不良、皮肤感染、免疫力缺陷等疾病的风险。

母乳喂养对宝宝的好处很多，具体如下。

1. 提供足够营养

★母乳中含有天然的营养成分：乳清蛋白和酪蛋白的比例最适合新生儿和早产儿的需要，其可保证氨基酸完全代谢，不至于积累过多的苯丙氨酸和酪氨酸。

★母乳成分会随宝宝月龄增加而变化，以适应宝宝的需求，这是其他代乳品所无法取代的。

2. 保护宝宝健康

★母乳可在一定程度上保护宝宝免受感染、腹泻、中耳炎、过敏性疾病侵袭。母乳喂养减少了细菌感染的可能，母乳能增强宝宝抗病能力，初乳和过渡乳中含有丰富的分泌型 IgA，能增强宝宝呼吸道抵抗力。

★母乳中溶菌素高，巨噬细胞多，可以直接灭菌。乳糖有助于乳酸杆菌、双歧杆菌生长；乳铁蛋白含量也多，能够有效地抑制大肠杆菌的生长和活性，保护肠黏膜，使黏膜免受细菌侵犯，增强胃肠道的抵抗力。

★母乳可在一定程度上降低宝宝猝死症（SIDS）、坏死性小肠结肠炎（NEC）的发生。母乳中不饱和脂肪酸含量较高且易吸收，钙磷比例适宜，糖类以乳糖为主，有利于钙质吸收，总渗透压不高，不易引起坏死性小肠结肠炎。

★母乳可在一定程度上预防过敏性疾病，如哮喘、过敏性湿疹等。

★母乳可在一定程度上预防肥胖、高血压、糖尿病等慢性疾病：研究表明，母乳喂养的宝宝，成年后患心血管疾病、糖尿病的几率要比未经母乳喂养者小得多。

3. 促进宝宝发育

★母乳可在一定程度上促进脑细胞和智力的发

育。母乳中半胱氨酸和氨基牛磺酸的成分都较高，有利于宝宝脑生长，促进智力发育。

★吸吮动作对宝宝语言能力发展有促进作用。

4. 利于增强母婴感情

★母乳喂养可使宝宝得到更多的母爱，增加安全感。

★母乳喂养有利于宝宝成年后建立良好的人际关系，也为宝宝的情商培养奠定基础。

此外，母乳喂养对宝妈也有很多好处，具体如下。

1. 促进产后恢复

★促进宝妈子宫恢复，减少产后出血。

★降低宝妈罹患乳腺癌和卵巢癌的风险。

★帮助宝妈尽快恢复体型，每天约可消耗500卡路里。

2. 增进母子感情

母乳喂养可对母子一生的交流起到重要的作用。母乳对宝宝的健康、生长发育、茁壮成长都具有重要作用，而且母乳喂养还具有增进母婴感情、经济、方便、省心、温度适宜的优点。

（叶雨）

八、初为宝妈，总感觉母乳喂养很难，该怎么办？

经过十月怀胎的辛苦，初为人母的新手宝妈在母乳喂养时往往会不知所措，对母乳喂养感到茫然。其实母喂养很简单，下面的内容会对宝妈有所帮助。

分娩后母乳喂养，做到"三早"，即早接触、早吸吮、早开奶，这是宝妈母乳喂养成功的开始。

1. 早接触

★早接触即宝宝出生1小时内与宝妈肌肤接触，使其裸体趴在宝妈身上，皮肤接触至少30分钟或者更长时间。

★正常分娩的宝宝在娩出之后，可能不适应较大的温度变化，应使其趴在宝妈胸前进行直接皮肤接触，可保持皮肤温度，还可感受宝妈心跳，增加宝宝安全感。

★通过这种接触还可刺激宝妈乳汁的分泌，增加母婴感情。但要注意保暖，根据具体情况调控合适的室内温度并注意安全，防止宝宝坠落或被乳房挤压影响呼吸。

2.早吸吮

早吸吮即宝宝出生1小时内吸吮母亲乳头，这样能刺激宝妈分泌催产素，帮助子宫收缩，减少产后出血。此外，其还可刺激泌乳素分泌，有助于早下奶，促进母乳喂养成功；同时，宝宝可吸吮到营养价值较高的初乳，减少疾病的发生率。

3.早开奶

宝宝吸吮后，尽早实施母乳喂养，尽早开奶，保证宝宝营养需求。第一次开奶时间是宝宝出生后1小时内，这是宝宝敏感期，也是吸吮反射最强的时期，尽早开奶可通过对乳头的吸吮，反射性刺激泌乳素分泌，从而促进乳汁分泌；另外，促进宝宝与宝妈接触，可以增加母婴感情。对于母婴分离的宝妈，要使用吸奶器吸奶，吸奶的频率和时间与宝宝吸吮同步，以便于宝宝出院回家后，有足够的母乳喂养。

如果宝妈乳头比较短小，或者乳房过于肿胀，宝宝不好含接乳头时，可以先挤掉乳晕周围的部分乳汁，使乳晕处变软，乳头就会相对变长，便于宝宝衔接。含接时一定要使宝宝含住大部分乳晕，以避免引起宝妈乳头皲裂（图1）。对于乳头已有皲裂的宝妈，一定要早做治疗。

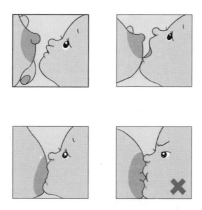

图1　宝宝含接乳头

　　掌握正确的喂奶技巧对宝妈和宝宝都很重要。在喂奶的过程中，宝妈要选择放松、舒适的体位。正确的哺乳姿势能使宝宝和宝妈都感觉舒适。如果喂养姿势不正确，对宝宝来说很难吸到母乳，还可能引起中耳炎、口腔疾病等。而对于宝妈来说，不正确的喂养姿势，首先会导致宝妈的乳头皲裂，皲裂会引起宝妈哺乳时的痛苦；其次长期喂奶，宝妈很快就会感觉腰酸背痛。

　　正确的母乳喂养姿势不仅可以使宝宝有效地吸吮到母乳，还能够降低宝妈哺乳时的疲劳，增强宝妈哺乳的信心，从而达到良性循环。常见的4种喂奶姿势分别是摇篮式、橄榄球式（环抱式）、交叉式、侧卧式（图2）。

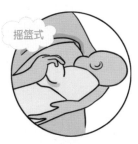

这是最传统的姿势：这种体位有助于喂奶的宝妈空出一只手。

对刚开始母乳喂养有困难的宝妈，这是一种很好的体位。

这种体位适合乳房大、剖宫产宝妈或者小个头宝宝。

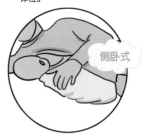

该体位特别适合剖宫产术后，正常分娩后第一天以及夜晚时哺乳的宝妈。

图2　正确的哺乳姿势示意图

1. 摇篮式

这是最传统的姿势，也是比较舒服的姿势。宝妈坐在凳子上，用一只手的手臂内侧支撑宝宝的头部，另一只手放在乳房、乳晕上，在宝宝身下垫一个垫子，在脚下放一个小凳子，喂左边乳房的时候凳子放在左脚下，喂右边乳房的时候凳子放在右脚下，哺乳起来会更轻松。

2. 交叉式

这相当于摇篮式的姿势，但要把宝宝的姿势稍微向上倾斜一点，宝妈的双手固定宝宝的头部，其中一个胳膊夹住宝宝的下肢，这样宝宝吸奶时，嘴的角度会有所变化，更容易吸奶。

3. 橄榄球式（环抱式）

这个哺乳姿势特别适合剖宫产的宝妈，可以避免宝宝压迫宝妈腹部手术切口。当宝妈乳房很大、宝宝太小或喂双胞胎时都很适合。这个姿势就像在腋下夹一个橄榄球那样，用手臂夹着宝宝的双腿放在身体侧腋下，宝宝上身呈半卧位姿势正对宝妈胸前，用枕头适当垫高宝宝，一只手掌托住宝宝的头，另一只手张开呈"八字形"贴在乳头、乳晕上。

4. 侧卧式

侧卧式适合于夜间哺乳，宝妈身体侧卧，用枕头垫在头下。宝宝侧身和宝妈正面相对，腹部贴在一起。为了保证宝宝和宝妈紧密相贴，最好用一个小枕头垫在宝宝的背后，切忌放在宝宝的头后面。

哺乳过程中，要经常变换抱宝宝吃奶的姿势，这样既可以很好疏通乳腺，又能缓解宝妈手臂的固定姿势，以免过于酸痛。在宝宝吃奶吃到一半时，宝妈可稍作休息，再用另外一个乳房喂奶。喂完奶后，宝妈可顺便轻拍宝宝背部，使其打一打嗝。

一般来说，宝宝每次吃奶的时间以30分钟为宜，同时不要养成让宝宝含着乳头睡觉的习惯。在给宝宝侧躺喂奶时，一定要注意宝宝的口鼻，防止乳房堵住宝宝的口鼻引起窒息而发生意外。

喂奶结束后，不要强行把乳头退出来，否则可能会导致乳头出现皲裂，宝妈应用手指非常小心地插入宝宝的口角和乳房间的空隙，让少量空气进入，并迅速、敏捷地把手指放入宝宝的嘴巴和乳头中间，轻轻下压乳房（图3）。

宝妈也可用一只手按压宝宝下颌，退出乳头，再挤出少许乳汁涂在乳头上自然晾干，起到保护乳头的作用。如已经有乳头皲裂发生，此方法可以促进皲裂的愈合。

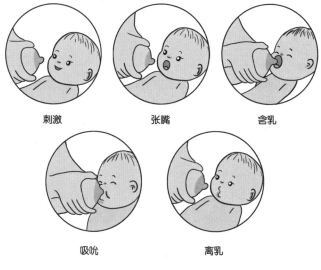

刺激　　　　　　张嘴　　　　　　含乳

吸吮　　　　　　离乳

图3　离乳技巧

哺乳后，宝妈可将宝宝竖抱，用空心掌轻轻拍打后背，使宝宝打嗝后再让其睡下，放在床上时让其呈侧卧位，以免发生呛奶。

（姚叶）

九、宝妈上班后，怎样坚持母乳喂养？

宝妈上班后如何坚持母乳喂养？下面的内容会对大家有所帮助。

在上班的前几天，宝妈应根据上班后的作息时间，调整安排好宝宝的哺乳时间。不足6个月的宝宝只吃乳品，宝妈可在上班前和下班后用母乳喂养，如果宝妈能在午休时间回家喂养效果更佳。

在上班前1—2周，由家人给宝宝试着使用奶瓶喂养，开始时次数少些，每周1—2次，让宝宝慢慢适应奶瓶喂养。6个月以上的宝宝需要添加辅食，要合理安排喂奶和吸奶时间，应尽量把喂辅食的时间安排在宝妈上班后。宝妈在出门上班前给宝宝喂一次奶或将奶吸出后由家人喂养，注意不要在宝妈回家前30分钟给宝宝喂奶。

母乳储存的方法见下图（图1）。

图1 母乳储存

储奶袋　　奶瓶

乳汁较多的宝妈上班时，可以在工作休息及午餐时间将乳汁挤出，注意不要在洗手间吸奶，那样既不方便又不卫生。收集母乳后应放在保温杯中保存，里面用保鲜袋放上冰块；如果工作单位有冰箱，可以暂时保存在冷藏或冷冻室中。

宝妈吸奶的时间尽量固定，建议工作时间每3小时吸奶1次，每天可在同一时间吸奶，这样到了特定的时间就会有乳汁分泌；下班途中，母乳仍需以冰块覆盖，以保持低温，回家后立即放入冰箱中储存，储存的母乳要注明吸出的时间，便于取出食用。

上班后，由于工作压力及宝宝吸吮母乳次数的减少,有的宝妈乳汁分泌会减少,所以应想办法保持充足的乳汁分泌,工作休息时间将乳汁挤出,以利于乳汁的持续分泌。此外,宝妈多食汤水及催乳食物,保持愉悦的心情,可以帮助乳汁分泌。

关于母乳用具、吸奶、储奶、解冻,应注意以下方面。

★备用具:准备好吸奶器及储奶用具——最好使用适宜冷冻、密封良好的塑料制品,如母乳保鲜袋;其次为玻璃制品,最好不要用金属制品,母乳中的活性因子会附着在玻璃或金属上,降低母乳的养分。具体的备用具参考表1。

"背奶族"宝妈备选用品	
分类	用品
吸奶用品	手动吸奶器、电动吸奶器
储奶用品	储奶袋、奶瓶
保温用品	冰包、蓝冰、车载小冰箱
清洁用品	防溢乳垫、乳头清洁棉、洗手液

表1 宝妈"背奶"备选用品

★吸奶：宝妈可以在上班前一天或上班前将母乳挤出储存，并在容器外贴上挤奶的日期及时间，这样便可清楚地知道母乳保存的期限，以免不洁、过期导致细菌滋生，引起宝宝消化道疾病的发生。即使再忙，宝妈也要保证每3小时吸一次奶，这样可以有效防止奶胀和泌乳量的减少，使母乳喂养可以更好地继续下去。吸出的母乳同样可以储存起来，让宝宝不必因为吃不到母乳而烦恼。如果单位没有冷藏设备，宝妈可以准备一个迷你冰箱，暂时储存乳汁，回到家要尽快让宝宝吃掉乳汁或送至冰箱冷藏。

宝妈要特别注意，挤奶的时候要先把自己的手清洗干净，再选择在相对比较干净的环境中进行，奶头、吸奶器都要进行彻底清洗。

★储存：装母乳的容器要留点儿空隙，不要装得太满或把盖子盖得很紧，以防容器因冷冻结冰而胀破。最好将母乳分成小份（60—120ml）冷冻或冷藏，方便家人根据宝宝的食量喂食，以免浪费，并要贴上标签、记上日期。

母乳保存方法要分不同的条件，同时挤奶的

环境也很重要。如果挤奶的环境相对洁净，在常温（28℃以下）可保存4小时，夏天在常温下基本上可保存2小时，0℃—4℃冰箱（袋）下可保存到24小时。若因为宝妈要和宝宝分离，或者一段时间内母乳分泌太旺盛，宝宝喝不完，可用专门储存袋进行收集后储存，其通常要放在−18℃左右的冰箱里面，这个时间段一般为3—6个月。

★解冻：喂食冷冻母乳前先以冷水退冰，再以不超过40℃的热水隔水温热，冷藏的母乳也应以同样的方法加热，不要使用微波炉，因为微波炉加热不均匀，可能会烫着宝宝。若将母乳直接在火上加热煮沸，会破坏其营养成分，因此最好的办法是用奶瓶隔水慢慢加入温水，将奶瓶摇匀后，用手腕内侧测试温度，合适的奶温应和体温相当。冷冻后退冰的母乳一定要在24小时内吃掉，并且不可以再冷冻，只可冷藏；冷藏的母乳一旦加温后，即使未喂食也不可以再冷藏，应丢弃。

（姚叶）

一〇、哺乳期宝妈可以吃火锅吗？

爱吃火锅的宝妈们会发现，整个怀孕过程和生产后坐月子的过程都是一个需要忌口的时期，不能够随便吃自己想吃的食物。下面我们就带宝妈们看一下哺乳期是否能吃火锅这个问题。

其实，宝妈在哺乳期是可以吃火锅的，但要特别注意火锅的各种调料以及吃火锅时的各种细节。宝妈吃火锅的时候，最好不要选择太辣的火锅，火锅太辣、火气太重的话可能会影响奶水的形成，最好挑选比较清淡一点的火锅。食材的选择上要注意选择一些蛋白质比较丰富的食物和蔬菜，哺乳期的宝妈在吃火锅时最好不要吃海鲜，汽水也要避免。宝妈在吃的时候还应注意食物要完全煮熟；注意吃生熟食时筷子要分开使用，从而减少宝宝感染寄生虫的概率。

（姚叶）

一一、哺乳期宝妈该怎么吃？

哺乳期是一个非常特殊的时期，宝妈的营养摄入对于宝宝的健康成长非常重要。宝妈们该如何饮食才能既保证宝宝的营养，又促进自身机能恢复呢？

哺乳期宝妈需要更多的蛋白质来支持乳汁的合成，根据《中国居民膳食营养素参考摄入量（2023版)》推荐，每天应摄入约80g蛋白质，这可以通过食用瘦肉、鸡肉、鱼类、豆类、牛奶、酸奶等食物来实现，其中鱼禽蛋肉类可每日摄入175—225g。

水对于乳汁的合成非常重要，也可以帮助宝妈排泄废物，每日饮用量应满足2100ml。膳食纤维则可以帮助宝妈消化，预防便秘。宝妈每天可以通过食用水果、蔬菜、全谷类等食物摄入29—34g膳食纤维。

钙和维生素D对于宝宝的骨骼发育非常重要，宝妈的摄入也会影响乳汁中这些营养素的含量。根据2023年中国营养学会最新推荐，建议宝妈每天摄入800mg的钙和10μg（400IU）的维生素D，这可以通过食用奶制品、豆腐、鱼类、绿叶蔬菜等食物和增加户外活动时间来实现。

铁对于血红蛋白的合成非常重要，而哺乳期宝妈的血容量增加，需要更多的铁来支持血液循环，建议每天摄入 24mg 的铁。

叶酸对于宝宝的神经管发育非常重要，建议宝妈每天摄入 550μgDFE 的叶酸，可以通过食用足量瘦肉、鱼类、豆腐、绿叶蔬菜等食物来获取。

总的来说，哺乳期妇女的营养重在全面均衡，具体可以参考《中国哺乳期妇女平衡膳食宝塔》（图 1）。

加碘食盐	5 克
油	25 克
奶类	300-500 克
大豆 / 坚果	25 克 /10 克
鱼禽蛋肉类	175-225 克
瘦畜禽肉	50-75 克
每周吃 1-2 次动物肝脏，总重达 85g 猪肝或 40g 鸡肝	
鱼虾类	75-100 克
蛋类	50 克
蔬菜类	400-500 克
水果类	200-350 克
谷类	225-275 克
一全谷物和杂豆	75-125 克
薯类	75 克
水	2100 毫升

图 1　中国哺乳期妇女平衡膳食宝塔

（夏时佳）

Ⅲ 消化营养篇

一二、大便绿绿的，还带有"奶瓣"，
　　是不是消化不良、食物过敏？

自从有了孩子，纸尿裤里宝宝的便便就成了宝爸宝妈的热点话题。宝爸宝妈发现宝宝的便便是绿绿的，还带有"奶瓣"，这该怎么办？

医学上，布里斯托大便分类法以便中水分多少为分类依据，将便便分为七种类型（图1）。从类型一到类型七，性状逐渐变稀。类型一到类型三提示大便较硬，需要注意便秘问题；类型四是大孩子和成人最好的便，类型五也是可以接受的；类型六是糊状便，是以母乳或配方粉为主食的宝宝的便；类型七是腹泻的便。

婴儿期的宝宝有其特殊性，因出生后肠道功能尚未发育完善，故以流质饮食为主，会逐渐从稀糊状便过渡为泥糊状便；再随着消化功能提升、食物质地向成人过渡，泥糊状便慢慢转为软便。

便便中的"奶瓣"就是宝宝大便中白色的颗粒状、小块或瓣状物，在出生后前3个月比较常见。

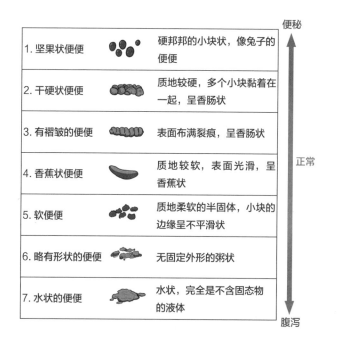

便秘

1.坚果状便便		硬邦邦的小块状，像兔子的便便
2.干硬状便便		质地较硬，多个小块黏着在一起，呈香肠状
3.有褶皱的便便		表面布满裂痕，呈香肠状
4.香蕉状便便		质地较软，表面光滑，呈香蕉状
5.软便便		质地柔软的半固体，小块的边缘呈不平滑状
6.略有形状的便便		无固定外形的粥状
7.水状的便便		水状，完全是不含固态物的液体

正常

腹泻

图1　布里斯托大便分类法

其产生一方面与宝宝消化能力较低有关，胃酸使得进入胃内的蛋白变性从而产生凝乳，这就是奶瓣，如此有利于消化。但如果奶瓣进入肠道未被完全吸收，就会跟着大便排出，故奶瓣会随着宝宝消化能力的提升而逐渐减少。另一方面，我们可以看到配方奶喂养的宝宝，其便便中的奶瓣较母乳喂养的宝宝多，这是因为配方奶中蛋白（尤其是酪蛋白）比母乳多，更易形成酪蛋白凝结物。

如果宝宝便便中偶尔有少量奶瓣，但宝宝饮食、睡眠、生长发育良好，父母就不用过度担心。如果奶瓣量多，大便又呈黄褐色稀水样且伴有刺鼻的臭鸡蛋气味，这就说明宝宝是蛋白消化不良。

关于绿便，原因有很多：

★**生理性绿便**：婴儿尤其是新生儿胃肠道功能不完善、胃肠道蠕动快，属于"吃了就拉"，胆绿素来不及被还原成胆红素便被排出才使得大便呈绿色。

★**饥饿性绿便**：如宝宝排绿便同时伴有因饥饿而带来的烦躁不安、体重增长欠佳且排便量少、多天才排一次、质地呈稀水状等现象，那就要警惕饥饿性绿便了，须尽快给宝宝增加奶量。

★**糖类摄入过多性绿便**：多见于宝宝糖类摄入过多的时候，例如母乳喂养的宝宝重复吸吮后段奶（后段奶较前段奶脂肪占比高），母乳喂养期宝妈进食过量糖及淀粉类食物，给宝宝在添加辅食时只添加米粉、稀饭、水果这些所谓"低敏"辅食而未添加肉蛋类辅食。当上述糖类摄入过多时，宝宝便便就呈绿色，还容易产生气体导致腹胀，往往大便会伴有泡沫。

★**铁质反应性绿便**：奶，尤其是配方奶添加的铁质在经过消化道与空气接触之后，就会使大便呈暗绿色。

总结一下，只要宝宝进食正常、精神良好、身长和体重增长正常，排便时便便不干结、不腹泻，无便便颜色变浅发白或是发黑，便便内不带脓和血，妈妈就不必过分纠结便便的颜色、性状和次数。但如果宝宝便便长期有大量奶瓣，绿色便便次数多、水分多，又出现腹泻现象，这时就要考虑是不是消化功能受损、食物过敏等病理性情况，建议带宝宝到医院就医并进一步明确病因；当宝宝出现急性腹泻又伴有脓血和黏液，那就必须速速就医！

（朱俐光）

一三、婴儿一定要"胖嘟嘟"的
才好吗？

"大胖小子"这个词迷惑了多少爸爸妈妈和爷爷奶奶呢？小区里只要有孩子的地方，就免不了体重的"比试"，甚至还会有老人向别人家取经："你们给宝宝吃的啥？我们家的怎么这么瘦？"

其实，体重不是在均数以上就算正常、均数以下就是营养不良，平均体重是大众数据中的平均值，而不是"及格值"，想要判断自己孩子是否正常，家长们请参考表1。婴幼儿期肥胖会增加成年后患各种健康问题的风险，如心脑血管疾病、胰岛素抵抗、骨关节炎等，以及由肥胖带来的心理健康问题。那么，体重在什么范围内的宝宝就算胖了？

2岁以内婴幼儿肥胖的诊断依据主要采用身高体重比，还可根据脂肪分布的区域来判断其是否超重或肥胖，如腰围和腰臀比。2岁及2岁以上儿童可根据BMI［BMI＝体重（kg）/身高的平方（m^2）］来计算，根据BMI数值，体重超过对应年龄段红色框内数值（表2），即诊断为肥胖。

宝爸宝妈在带宝宝去做儿童保健（儿保）的时候，如果婴幼儿属于超重或肥胖的情况，儿保医生也会告知家长，建议他们带宝宝到营养门诊进行详细咨询。

0—2岁男宝宝体重年龄对照表（单位：公斤）			0—2岁女宝宝体重年龄对照表（单位：公斤）		
月龄	平均体重	正常体重范围	月龄	平均体重	正常体重范围
0	3.346	2.5~4.4	0	3.2322	2.4~4.2
1	4.4709	3.4~5.8	1	4.1873	3.2~5.5
2	5.5675	4.3~7.1	2	5.1282	3.9~6.6
3	6.3762	5~8	3	5.8458	4.5~7.5
4	7.0023	5.6~8.7	4	6.4237	5~8.2
5	7.5105	6~9.3	5	6.8985	5.4~8.8
6	7.934	6.4~9.8	6	7.297	5.7~9.3
7	8.297	6.7~10.3	7	7.6422	6~9.8
8	8.6151	6.9~10.7	8	7.9487	6.3~10.2
9	8.9014	7.1~11	9	8.2254	6.5~10.5
10	9.1649	7.4~11.4	10	8.48	6.7~10.9
11	9.4122	7.6~11.7	11	8.7192	6.9~11.2
12	9.6479	7.7~12	12	8.9481	7~11.5
13	9.8749	7.9~12.3	13	9.1699	7.2~11.8
14	10.0953	8.1~12.6	14	9.387	7.4~12.1
15	10.3108	8.3~12.8	15	9.6008	7.6~12.4
16	10.5228	8.4~13.1	16	9.8124	7.7~12.6
17	10.7319	8.6~13.4	17	10.0226	7.9~12.9
18	10.9385	8.8~13.7	18	10.2315	8.1~13.2
19	11.143	8.9~13.9	19	10.4393	8.2~13.5
20	11.3462	9.1~14.2	20	10.6464	8.4~13.7
21	11.5486	9.2~14.5	21	10.8534	8.6~14
22	11.7504	9.4~14.7	22	11.0608	8.7~14.3
23	11.9514	9.5~15	23	11.2688	8.9~14.6
24	12.1515	9.7~15.3	24	11.4775	9~14.8

表1　WHO（世界卫生组织）生长发育标准对照图

岁 / 月	百分位数法（BMI in kg/m²）				岁 / 月	百分位数法（BMI in kg/m²）			
	50th	85th	95th	97th		50th	85th	95th	97th
0—2 岁男童					0—2 岁女童				
0/0	13.4	14.8	15.8	16.1	0/0	13.3	14.7	15.5	15.9
1	14.9	16.4	17.3	17.6	1	14.6	16.1	17.0	17.3
2	16.3	17.8	18.8	19.2	2	15.8	17.4	18.4	18.8
3	16.9	18.5	19.4	19.8	3	16.4	18.0	19.0	19.4
4	17.2	18.7	19.7	20.1	4	16.7	18.3	19.4	19.8
5	17.3	18.9	19.8	20.2	5	16.8	18.5	19.6	20.0
6	17.3	18.9	19.9	20.3	6	16.9	18.6	19.6	20.1
7	17.3	18.9	19.9	20.3	7	16.9	18.6	19.6	20.1
8	17.3	18.8	19.8	20.2	8	16.8	18.5	19.6	20.0
9	17.2	18.7	19.7	20.1	9	16.7	18.4	19.4	19.9
10	17.0	18.6	19.5	19.9	10	16.6	18.2	19.3	19.7
11	16.9	18.4	19.4	19.8	11	16.5	18.1	19.1	19.6
1/0	16.8	18.3	19.2	19.6	1/0	16.4	17.9	19.0	19.4
1	16.7	18.1	19.1	19.5	1	16.2	17.8	18.8	19.2
2	16.6	18.0	18.9	19.3	2	16.1	17.7	18.7	19.1
3	16.4	17.9	18.8	19.2	3	16.0	17.5	18.6	19.0
4	16.3	17.8	18.7	19.1	4	15.9	17.4	18.4	18.8
5	16.2	17.6	18.6	18.9	5	15.8	17.3	18.3	18.7
6	16.1	17.5	18.5	18.8	6	15.7	17.2	18.2	18.6
7	16.1	17.4	18.4	18.7	7	15.7	17.2	18.2	18.6
8	16.0	17.4	18.3	18.6	8	15.6	17.1	18.1	18.5
9	15.9	17.3	18.2	18.6	9	15.5	17.0	18.0	18.4
10	15.8	17.2	18.1	18.5	10	15.5	17.0	17.9	18.3
11	15.8	17.1	18.0	18.4	11	15.4	16.9	17.9	18.3
2/0	15.7	17.1	18.0	18.3	2/0	15.4	16.9	17.8	18.2

表 2　WHO（世界卫生组织）BMI 标准（2006 年版）

另一方面，做好预防工作以避免生"巨大儿"，更可以从根本上降低宝宝肥胖的概率。整个孕期女性体重增加的范围在5—16千克，其中，由于孕前BMI不同，孕期总增加体重也因人而异，提醒孕期准妈妈们应该适当控制体重。想要"长胎不长肉"的孕妈以及备孕的女性，可到正规医院的营养门诊咨询，根据医师建议制定详细且营养均衡的饮食计划。

（夏时佳）

一四、婴儿辅食应该如何添加？

添加辅食，对婴幼儿来说是一个非常重要的过程。正确添加辅食可以保障宝宝的营养需求和健康成长，而辅食添加不当则可能会影响宝宝的健康。

我们通常推荐在宝宝4—6月龄时可添加辅食（WHO推荐纯母乳喂养的生长发育良好的宝宝在6月龄后添加辅食），但年龄不是判断辅食添加时间的唯一标准，还须结合每个孩子的个体需求及能力发展状态。如果观察到以下现象，说明宝宝已经做好了接受辅食的准备：

★在有支撑时能坐稳并能很好地控制头颈部。

★挺舌反射（即宝宝会用舌头将置于双唇间的任何食物推出口腔的表现）消失。

★可以把手或玩具放到口中。

★面对感兴趣的食物，会张开嘴巴或身体前倾。

★模仿他人的咀嚼动作。

开始添加辅食时，需要遵循由一种到多种、由少到多、由稀到稠、由细到粗、循序渐进的原则（图1），从单一食材开始，一次添加一种食物，一周内添加新食材不超过两种，这样可以帮助家长识别孩子是否对某种食物过敏或不适应。

由于宝宝的胃容量很小，建议父母每次添加食物时分量应该逐渐增加，而一开始只需要几勺即可。

4—7月龄　米粉糊
肉泥、蛋黄泥、无刺鱼泥、动物血、肝泥、豆腐脑
嫩豆腐、菜泥（南瓜泥、胡萝卜泥等）、水果泥

8—9月龄　米粥、无刺鱼、全蛋、肝泥、动物血、碎肉末、较大婴儿奶粉、豆腐、菜泥、水果泥

10—12月龄　稠粥、软饭、饼干、面条、馄饨、面包、馒头、无刺鱼、全蛋、肝泥、动物血、碎肉末、较大婴儿奶粉、豆腐、碎菜、水果（块/条）等

12月以后　慢慢向成人的饮食模式过渡

图1　不同时间段的辅食添加建议

适合婴幼儿添加的辅食包括米粉、面条、菜泥、鸡肉泥、豆腐泥、鸡蛋黄等。这些食物都比较容易消化，适合宝宝的胃肠道系统。家长在添加辅食时应该尽可能选择新鲜、无污染、无添加的食材，避免给宝宝带来不必要的食品安全问题。

温馨提示

在添加辅食时，家长需要注意以下几个问题：

★避免盐和糖添加过多，以免影响宝宝的味觉发展和身体健康。

★坚持母乳或配方奶粉喂养，须认识到辅食只是"辅助"。

★注意辅食烹饪方法，优先选择蒸、煮、炖等健康的烹饪方式，避免调料添加太多，尽可能让宝宝品尝食物的原味。

★建议添加新食材的时间在白天，以便家长观察宝宝的反应情况。

（夏时佳）

一五、想让孩子长好点，该给孩子补点啥营养素？

营养素维持机体生存、生长发育、繁殖等一切生命活动和过程，依据其化学性质和生理作用可将营养素分为七大类，即水、蛋白质、脂肪、碳水化合物、矿物质、维生素、膳食纤维。这些营养素在人体内协同作用，共同维持生命的正常运行，每一项都发挥着重要的作用。

家长们一旦知道了营养素的重要性后，生怕自家宝宝因缺乏营养素而影响生长发育。结果，家里药品、保健品买了一堆又一堆，有补钙的、补铁的、补锌的，有颗粒的、乳剂的、液体的，应有尽有。实际上，真正科学地补充营养素，还得靠日常的均衡饮食！在营养素并不缺乏的情况下，通过食物来补充便是最好的方式（表1）。

各类营养素在天然食物中广泛存在，是极容易获得的；自然界中也没有哪一种单一食物能提供人体所需的全部营养素。《中国居民膳食

元素	生理效应	食物来源
铅（Pb）	铅是对人体有毒性作用的重金属，广泛存在于人的生活环境和食物链中，若以铅烟、铅尘和各种氧化物形式被人体经呼吸道和消化道摄入体内，会引起以神经、消化、造血系统障碍为主的全身性疾病。	尽量少在铅含量高的环境中停留并养成良好的卫生生活习惯，少吃含铅量高的食物，如：爆米花、松花蛋等。
锌（Zn）	锌与体内200多种酶活性有关，同时是胰岛素中酶激活剂，能调整能量代谢、维护免疫功能、促进组织修复和性器官正常发育、抗癌、防衰老。	肉类、肝脏、类蛋、家禽、奶、海产品、豆类、坚果类（栗桃）等。
铁（Fe）	铁为血红素、肌红素的成分；氧化酶类、金属酶、酶激活剂，促进生长发育和生命生殖活力。	肉类、肝脏、鱼类、家禽、豆浆、葡萄、梅子、谷物、水果、土豆等。
铜（Cu）	氧化性酶类的成分；参加合成血红素所需要的铁的吸收和运输，维护骨骼、血管和皮肤正常功能，增强机体防病能力，增加身高。	水果、坚果、肝、肉、海产品、蔬菜、粗面、面包等。
镁（Mg）	镁作为多种酶的激活剂，参与300余种酶促反应；抑制钾、钙通道；维护骨生长和神经肌肉的兴奋性；维护胃肠道和激素的功能。	谷物、蜜糖、绿叶蔬菜、海产品及花生、胡萝卜、黑枣、香蕉、黄花菜等。
钙（Ca）	钙是组成骨骼和牙齿的必要成分；维持心脏的正常搏动，神经、肌肉的正常兴奋性以及细胞内外水分和渗透压的平衡；参与血液的凝固过程；生物膜的组成成分。	牛奶及奶制品、豆类及其制品、虾皮，增加户外活动，适量补充维生素D。

表1 常见微量元素食物对照表

指南（2022）》建议每天进食 12 种以上食物，每周进食 25 种以上食物。食物种类越多，人体获得的营养就越均衡。保证孩子正常的均衡饮食，则完全能够获得身体需要的营养素。营养素的缺乏与长期偏食、挑食及膳食不均衡有关，不偏食、不挑食的合理饮食结构是保证孩子健康成长的关键（图 1）。

6-10 岁学龄儿童平衡膳食宝塔

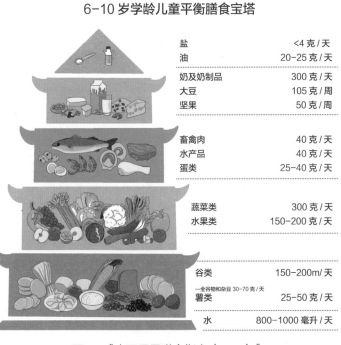

盐	<4 克 / 天
油	20-25 克 / 天
奶及奶制品	300 克 / 天
大豆	105 克 / 周
坚果	50 克 / 周
畜禽肉	40 克 / 天
水产品	40 克 / 天
蛋类	25-40 克 / 天
蔬菜类	300 克 / 天
水果类	150-200 克 / 天
谷类	150-200m/ 天
—全谷物和杂豆 30-70 克 / 天	
薯类	25-50 克 / 天
水	800-1000 毫升 / 天

图 1 《中国居民膳食指南（2022）》

营养素并非多多益善，总能量摄入超标会导致肥胖，脂溶性维生素、微量元素长期摄入过多更是会对脏器功能产生不良影响，甚至水喝多了都会水中毒。

《中国居民营养与慢性病状况报告（2020年）》显示，我国成年居民超重肥胖占总人口比例超过50%，6—17岁的儿童青少年占比接近20%，6岁以下的儿童占比竟达10%。

这一数据提醒我们，应纠正暴饮暴食、偏食、滥用滋补食品和强化营养品等不良习惯，共同呵护儿童健康成长。

温馨提示

★维生素D因较难通过食物摄取，建议常规以400U/d预防量补充。

★中华预防医学会儿童保健分会组织相关专家制定的《婴幼儿喂养与营养指南》建议，婴幼儿适时适量补充维生素A、维生素D。

★《早产儿喂养指南》建议早产儿宜补充铁剂、维生素A、维生素D、钙、磷及长链多不饱和脂肪酸。

　　★对于婴幼儿、孕产妇、老年人及疾病状态等特定人群，建议在临床医生、临床营养师专业指导下正确补充营养素。

（朱俐光）

一六、宝宝确诊了牛奶过敏，
　　辅食要晚点加吗？

如果宝宝对牛奶蛋白过敏，到了添加辅食的阶段便成了让宝爸宝妈很头痛的问题。已有文献研究证实，对牛奶蛋白过敏的儿童，小于 4 月龄或大于 8 月龄添加辅食会增加后续其他的过敏风险，即过早或过晚添加辅食均不能保护过敏体质的宝宝，相反还会影响其食物免疫耐受的建立。

国内外指南均不建议延迟辅食添加时间，所以对牛奶蛋白过敏的宝宝也都是从 6 月龄开始添加辅食。只要症状得到控制且未处于疾病活动期，建议父母不要轻易给对牛奶蛋白过敏的宝宝推迟辅食添加的时间。

给对牛奶蛋白过敏的宝宝添加辅食，可先添加含铁米粉、蔬菜、水果等，然后逐步过渡到肉类食物、鸡蛋、海产品。辅食添加应遵循由少到多、由稀到稠、由软到硬、循序渐进的原则，其中关键在于每次只能加入一种新的食物。

每次添加辅食时，父母应仔细观察宝宝的反应，如果发现宝宝嘴边出现红肿、皮肤出现湿疹等过敏症状，则应立即停止添加这种食物。

如果宝宝吃完后没有出现异常反应，可继续尝试3—4次；每引入一种新食物，应至少观察2—3天，给宝宝一个适应的过程；同时，父母要密切观察是否有烦躁、呕吐、腹泻、血便、皮疹等不良反应。如果一切正常，就说明这个食物对宝宝来说是安全的，可以继续添加并逐渐加量。此后，再按照这个方法添加其他单一的新食物种类。

在进行配方奶的转换时，应暂停添加新辅食，再进行配方奶的转换。值得注意的是，乳蛋白水解配方应至少喂养6个月或至宝宝9—12月龄，是否可以转奶、如何转奶，父母应在专业医生的评估指导下进行。

辅食添加应避免意外摄入含有牛奶蛋白的食物，如盒装牛奶、酸奶、奶酪、黄油、奶油、蛋糕、面包等。家长每次购买食物时应认真阅读食物和营养补充剂的标签，避免儿童意外摄入过敏原！在有条件的情况下，可自制无敏辅食。

辅食添加得当，不仅会帮助宝宝长得更壮，还能帮助宝宝更好地诱导免疫耐受哟！

（朱俐光）

一七、孩子被诊断为营养性缺铁性贫血，可以不吃药，只靠食补吗？

铁是人体内含量最丰富的微量元素。作为多种蛋白质和酶的重要组成部分，铁在氧转运、电子转运和DNA合成等多种代谢过程中发挥着重要的作用。

口服铁剂是儿童铁缺乏症和缺铁性贫血的一线治疗手段。这个时候，总会有家长说"是药三分毒"，问医生：可以不吃药、多进食含铁丰富的食物来"食补"吗？

答案是否定的。缺铁会影响儿童生长发育，使孩子的运动能力降低、大脑认知功能发展受限、免疫功能下降并影响其他营养素的代谢等。由于大脑对铁极为敏感，缺铁就极可能损害认知、学习能力和行为发育，甚至不能被补铁所逆转。所以应尽量缩短病程，减少缺铁对孩子产生的不良影响，孩子已经缺铁了就不该只想着通过食补慢慢养回来。

另外，孩子也确实吃不下这么多的补铁食物。

据 2023 年 4 月发布的最新《儿童铁缺乏和缺铁性贫血防治专家共识》，建议口服铁剂治疗剂量为 3—6mg/（kg·d）。我们以 6 个月 8 千克（kg）确诊缺铁的宝宝为例，以最低的治疗量 3mg/（kg·d）来算，则一天需要摄入 24 毫克（mg）元素铁。我们以吸收率 100% 这种不现实的情况来估算，我国的婴幼儿谷物辅助食品标准中，米粉允许添加的最高铁含量为 8mg/100g，那么对刚开始添加辅食的宝宝来说，则需吃 300g 米粉；红肉（如猪肉、牛肉、羊肉）是含铁丰富的食材，如 100g 牛肉含铁量为 3.3mg，孩子则需进食 727g 牛肉；蛋黄含铁量大约为 7mg/100g，一个 50g 鸡蛋中蛋黄的含量为 15g 左右，含铁量为 1.05mg，孩子需进食近 23 个蛋黄。实际上，营养丰富的配方奶的铁吸收率都很低（母乳的吸收率高，但含铁量低，通常只有 0.3—0.4mg/L，以 800ml 母乳为例，提供铁摄入量为 0.32mg）；菠菜是高铁蔬菜代表，但其为无机铁且含有影响铁吸收的草酸、鞣酸等；蛋黄的铁利用率仅为 3%；红肉中的铁大部分为血红素铁，比非血红素铁（无机铁）能更好被吸收和利用，另外还

可协同增加无机铁的吸收，但吸收率也只能达到约
20%。我们是无法通过食补达到疗效所需治疗量的。

所以，孩子如果已经被诊断为缺铁性贫血，精
心的食补固然重要，但还是要遵医嘱口服铁剂，定
期随访复诊！

（朱俐光）

一八、婴幼儿贫血，饮食上如何改善？

婴幼儿贫血是指婴幼儿血红蛋白水平低于110g/L，此时可能会影响宝宝的身体发育和免疫功能。因此，家长在听从医生建议的治疗方案外，还应该采取正确的饮食措施来加以改善。以下措施有助于贫血婴幼儿的健康成长。

1. 增加富含铁的食物摄入

铁是预防贫血的关键，宝宝需要从食物中摄入足够的铁来满足身体的需要。富含铁质的食物包括瘦肉、鸡肉、鱼类、豆制品、蛋黄、动物肝脏等。因此，家长可以在宝宝的辅食中添加富含铁质的食物，如肝泥、豆腐泥、菠菜泥等。

2. 给宝宝搭配富含维生素 C 的食物

为了确保宝宝吸收铁质，家长需要合理搭配食物。例如，宝宝食用富含铁的食物时，可以搭配富含维生素 C 的食物，如柑橘类水果、草莓、番茄等，以提高铁的吸收率。

3. 适量补充维生素 B12 和叶酸

维生素 B12 和叶酸是造血的重要营养素。维生素 B12 主要存在于动物性食物中，如肝脏、肉类、鱼类等，而叶酸则主要存在于绿叶蔬菜、豆类、全谷类等食物中。家长可以适量添加这些食物到宝宝的膳食中，帮助宝宝摄取足够的维生素 B12 和叶酸。

（夏时佳）

一九、超重肥胖对孩子有什么害处?

中国有句古话叫作"能吃是福",孩子胖嘟嘟的才可爱有福气呢,可胖胖的孩子真的就健康吗?

目前,我国6岁以下和6—17岁儿童青少年超重肥胖率分别达到约10%和20%(图1)。在《"健康中国2030"规划纲要》和《健康中国行动(2019—2030)》中,都明确提出儿童肥胖的防治问题。儿童肥胖问题已引起国家的高度重视,国家都如此重视了,咱们父母更得更正自己的育儿观念,认识到长得胖不等于长得好!因为宝宝肥胖会带来如下危害:

图1 儿童超重肥胖

1. 长大以后瘦不下来

老一辈经常会说孩子小的时候胖点，长大了自然会"抽条"，实际上小的时候长得胖会增加成年肥胖风险。6 岁以前肥胖的儿童，大约有 25% 可能成年后超重；当肥胖持续到青春期，成年肥胖的危险性就增加到约 75%。

2. 影响长高

肥胖本身就是一种"营养不良"，因为不良饮食习惯，营养摄入不均衡，干扰脂溶性维生素等营养素吸收利用，反而可能会合并"隐性营养素缺乏"，影响生长发育。同时，骨龄的变化与肥胖密切相关，肥胖导致骨龄提前，最终可能影响孩子成年后的身高。

3. 青春期提早发育

目前，儿童性早熟的发病率很高，尤其是女孩性发育提前得更明显，最新的性早熟诊断标准已将女性性早熟发育年龄由 8 岁前提前至 7.5 岁前。肥胖还可能存在雌激素分泌过多的风险，可见性早熟与肥胖也关系密切。

4. 增加患病风险

超重肥胖的孩子可能会较早罹患糖尿病、高血压、高脂血症和高尿酸血症等成人代谢性疾病。肥胖还会影响激素水平、性发育，使生育功能受损。

5. 出现心理问题

肥胖的孩子可能产生自卑、抑郁、不自信的心理，还可能因为体型臃肿，动作相对不灵活，在集体活动中采取退缩或回避的态度，更严重者，会出现行为异常、性格缺陷、交往困难等问题。

温馨提示

儿童肥胖干预，重在早期预防。

★孩子和家长需树立正确的营养健康观念。

★在孩子发育过程中，应该合理控制好饮食搭配，营养供给充足即可，切不可过度喂养。

★积极参与适宜的运动训练，同时合理安排生活作息，并定期监测生长发育。

愿每个孩子都拥有健康的身体、强健的体魄。

（朱俐光）

二〇、孩子磨牙，需不需要补充
　　　营养素、打寄生虫？

　　磨牙本身不是一种疾病，而是一种生理现象（图1）。通常，儿童磨牙发生率约为5.9%—49.6%，有这种情况的娃娃可不算少呢！偶尔磨牙很正常，不会有什么危害。

图1　儿童磨牙

很多家长会询问磨牙的病因，比如"是不是营养素缺乏，孩子缺钙、缺锌""肚子里是不是有寄生虫"，等等。以上这些家长们担心的问题可能与磨牙相关，很多临床研究也在尝试分析磨牙的相关因素，但遗憾的是，到目前为止，关于磨牙的病因尚未明确。至今，磨牙还是一个"未解之谜"，因此也不能简单归因于某一因素。

"寄生虫"这个因素需单独说明，随着我国公共卫生条件得到明显的改善，消化道寄生虫基本上很少出现了，所以一般不认为是寄生虫感染导致孩子磨牙。

孩子如果出现磨牙，家长不要太紧张。

★首先，可以看看是否有家族遗传，是否家里人有在夜里磨牙的情况。

★其次，了解一下孩子的心理状态、睡眠习惯，避免白天活动过量而引起睡前过度兴奋，睡眠心理问题可寻求医生进行评估及专业指导。

★再次，通过体格评估、膳食分析等去排除儿童是否有营养缺乏、过敏等因素。

★最后，如果什么原因都没有找到，也不用过分关注病因，关注孩子的症状就好。

我们再来看看磨牙有没有给孩子带来不好的后果，比如：牙齿有没有明显的磨耗？下颌双侧关节是否有疼痛感？有没有影响睡眠质量？如果磨牙没有任何负面影响，可以暂时不处理，保持密切观察即可。如果牙列已经出现了磨损，请父母及时给孩子佩戴防夜磨牙的颌垫，以保护孩子牙齿以及双侧颞颌关节区。

总之，孩子有磨牙不可怕，父母具备科学的育儿知识，传递科学的育儿理念，密切关注症状变化并定期随访就可以。

（朱俐光）

二一、小学生晚上可以加餐吗？怎么加餐呢？

小学生处于生长发育的关键期，晚上适当加餐可以为他们提供所需的营养素，有助于促进生长发育和保持健康（图1）。但是，面对选择如此之多的食物，父母如何在晚上给小学生加餐呢？可参考以下建议。

图1　儿童晚间加餐

1.选择适当的食物

晚上加餐应该选择易消化、营养丰富的食物。建议选择一些高蛋白质食物，如牛奶、蒸蛋、清蒸鱼类等，同时也可以摄入一些富含膳食纤维和维生素的水果和蔬菜。

2.控制餐量和时间

晚上加餐应该控制餐量和时间，以免影响睡眠和造成消化不良。一般来说，小学生晚上加餐的餐量应该控制在晚餐餐量的 1/4—1/3，进食时间应该在睡前 1—2 小时之间。

3.避免高热量和高糖食品

晚上加餐应该避免摄入高热量和高糖的食品，如油炸食品、糕点、薯片、糖果等，这些食品容易导致肥胖和蛀牙等问题。

小学生晚上加餐除需要注意以上几点外，同时还应保持饮食多样化。家长可以参考《中国居民膳食指南（2022）》，它为孩子提供更科学、均衡的膳食指南；此外，家长还可以根据孩子的实际情况和口味偏好，进行适当的调整和搭配。

（夏时佳）

二二、如何挑选合适的儿童牛奶？

牛奶是儿童营养的重要饮食来源，同时富含钙质，钙是维持儿童骨骼健康和生长发育的重要营养素（图1）。那么，儿童补钙选牛奶时应该注意哪些问题呢？以下是一些建议。

图1　儿童饮用牛奶

1. 选择含钙量高的牛奶

不同品牌和类型的牛奶含钙量不同，建议选择含钙量高的牛奶品牌。一般来说，含钙量高的牛奶是经过加工处理的，例如脱脂牛奶、低脂牛奶和高钙牛奶等。《中国居民膳食指南（2022）》建议，

2—5 岁儿童应摄入奶类 350—500g，6—17 岁儿童应摄入奶及奶制品 300g。

2. 选择适合自己的牛奶

儿童对牛奶中的乳糖有不同的耐受性。对于乳糖不耐受的儿童，可以选择低乳糖牛奶或者其他乳制品来补钙。此外，有一些儿童可能对牛奶过敏，对于这部分儿童，可以选择其他富含钙质的食品替代牛奶。

3. 注意牛奶的质量

需要为儿童选择优质的牛奶，避免误饮过期、变质或添加了其他成分的牛奶。建议选择质量有保障的品牌，父母在购买牛奶时要注意查看生产日期和保质期。

4. 饮食多样化，不过度依赖牛奶

尽管牛奶是补钙的重要来源之一，但饮食多样化同样很重要。《中国居民膳食指南（2022）》建议，儿童每天应该摄入适量的谷类、蔬菜、水果、肉类、蛋类、奶类和豆类等七大类食物，并且要注意合理搭配。

（夏时佳）

二三、都说水果要多吃，那么孩子 一天应该吃多少水果呢？

水果富含多种维生素、矿物质和膳食纤维，是保持儿童健康成长的重要食物组成部分（图1）；但水果并不是吃得越多越好哦！那么，0—7岁孩子应该吃多少水果呢？让我们看看指南上怎么说。

图1　儿童适量食用水果

1. 新生儿期（0—6 月龄）

新生儿期的婴儿只能喝母乳或配方奶，不能吃固体食物。母乳中已经含有婴儿所需的营养成分，无须额外添加水果或果汁。如果需要添加果泥，应该等到婴儿 6 个月后再进行。

2. 婴幼儿期（7—24 月龄）

婴幼儿期的宝宝可以开始添加一些果蔬泥，逐渐适应固体食物。7—12 月龄婴幼儿每天应该摄入 25—100g 的水果，13—24 月龄婴幼儿每天应该摄入 50—150g 的水果；建议选择一些软烂易消化的水果，如香蕉、熟透的梨、熟透的桃等，还可以将水果泥添加到米粉、面条等辅食中。

3. 学龄前期（2—5 岁）

学龄前期的孩子可以逐渐增加水果的摄入量，每天可以摄入约 100—250g 的水果。可以适当增加水果的种类，如苹果、橙子、葡萄、草莓等，同时也可以将水果切成小块或制成水果沙拉，这些形式更容易让孩子接受。

4. 学龄期（6—7 岁）

学龄期的孩子每天应该摄入约 150—200g 的水

果。建议尝试更多的水果种类，如猕猴桃、芒果、柿子、火龙果等，同时也可考虑让孩子参与水果的选择和准备过程，增加孩子的兴趣与参与度。

综合来看，0—7岁孩子每天的水果摄入量应该逐渐增加。家长可以根据孩子的实际情况和口味偏好进行适当的调整和搭配，并且要注意饮食多样化，避免营养不均衡。此外，父母还应注意孩子的口腔卫生，避免长期大量食用某些酸性水果而造成牙齿损伤。儿童生长发育过程中如遇到肥胖或消瘦等营养问题，水果摄入量的多少建议咨询营养师或医生。

（夏时佳）

二四、孩子一天应该吃多少肉？

肉类包括畜禽肉鱼类，富含蛋白质、铁、锌等营养成分，是儿童生长发育所必需的重要营养素之一。0—7岁儿童的肉类摄入需求根据不同时期的生长发育有所变化，下面就一起来学习一下吧。

1. 新生儿期（0—6月龄）

新生儿期的宝宝只能喝母乳或配方奶，无须额外添加肉类。母乳中已经含有足够的蛋白质和营养素，能够满足婴儿的需要。

2. 婴幼儿期（7—24月龄）

婴幼儿期的宝宝可以开始添加一些辅食，如肉泥、肉粥等。7—12月龄婴幼儿每天应摄入25—75g的肉类，13—24月龄婴幼儿每天应摄入50—75g的肉类；建议选择一些易消化的肉类，如鸡肉、瘦肉、鱼肉等，并且应将肉类煮烂或切成小块。

3. 学龄前期（2—5岁）

学龄前期的孩子每天应摄入50—75g的肉类。可适当增加肉的种类，如牛肉、猪肉、羊肉、鸭肉等，同时也可以将肉类烹饪成不同的口味。

4. 学龄期（6—7 岁）

学龄期的孩子每天应摄入约 80g 的肉类。可以尝试更多的肉类种类和烹饪方法，如肉丸、肉饼、烤肉等，同时也可以让孩子参与烹饪的过程，增加孩子的兴趣与参与度。父母应注意肉类的烹饪方式，避免过度加工和口感油腻而影响孩子的健康；如果孩子对肉类不感兴趣，也可以通过其他如豆类、鸡蛋等富含蛋白质的食物进行补充（图1）。

图1 富含蛋白质的食物

（夏时佳）

二五、孩子晚上腿抽筋是怎么回事？

　　孩子晚上腿抽筋是家长们经常遇到的问题之一，一般多发于小腿，主要表现为局部肌肉突然不自主地收缩，造成肌肉僵硬且伴有疼痛感，还有可能会反复发作，但一般不会有意识障碍（图1）。这种不适感虽然不是很严重，但却会影响孩子的睡眠质量。造成孩子腿抽筋的原因多样，可能是营养不良或缺乏如钙、镁、钾等某些营养素，或运动不足、过度疲劳、睡姿不当、药物副作用等。

图1　儿童晚上腿抽筋

"钙"是人体所必需的微量元素，维生素 D 能促进钙的吸收，钙元素则能够维持神经肌肉的正常兴奋性。血钙增高可抑制神经肌肉的兴奋性，当血钙低于 70mg/L 时，神经肌肉的兴奋性也随之升高，身体就会出现抽搐的现象。孩子腿抽筋，绝大多数情况下都是因为缺少钙元素所导致的。孩子正处于生长发育的关键时期，骨骼在快速生长，对钙和维生素 D 的需求量比较大。如果家长平时没有注重营养的均衡摄取，或者没有及时为孩子补充钙元素，就容易导致孩子体内的钙或维生素 D 缺乏。有一些孩子缺钙严重，甚至影响到了骨质发育，导致身高生长障碍，从而出现机体营养不良、佝偻病、鸡胸等症状。

温馨提示

每天早上喝一杯牛奶，可以很好地补钙。《中国居民膳食指南（2022）》建议：7—24 月龄的婴幼儿每天摄入奶量从 700ml 向 400ml 逐渐过渡，2—5 岁学龄前儿童每天摄入奶量 350—500ml，6—7 岁儿童每天摄入奶量约 300ml。若孩子有缺钙症状，奶量可适当增加。若孩子没有喝牛奶的习惯，家长可通过钙剂或者钙片来为孩子补充钙元素。父母平时也应多带孩子进行户外锻炼，适当晒晒太阳能促进钙吸收。

孩子晚上腿抽筋是一种比较普遍的现象，家长们多注意孩子的饮食、运动和睡眠习惯，可预防腿抽筋的发生。除饮食、适当运动、养成良好睡姿以及保持足部温暖外，家长们也可以给孩子按摩、拉伸或者轻轻按压腿部，缓解腿抽筋时肌肉紧张和疼痛感。如果情况严重或频繁发生，应及时就医并接受专业诊治。

（夏时佳）

Ⅳ 生长发育篇

儿童生长发育门诊

二六、几个月大的宝宝后脑勺头发秃了一圈，这是不是缺钙了？

有些宝宝，刚满几个月，后脑勺一圈头发就掉光了。抱着娃在小区里遛遛，还会有热心人提醒：宝宝这是缺钙了，要补钙！事实真的是这样吗？

宝宝后脑勺挨着枕头的那一圈出现的脱发现象，是婴幼儿期最为常见的脱发类型——"枕部环状脱发"，简称枕秃（图1）。

图1　枕秃

半数以上的宝宝在3—6月龄时都曾出现过枕秃，只是程度不同而已。宝宝的胎发存在生长期和休止期，且头部不同部位的胎发生长并不同步。宝宝在妈妈肚子里的孕28—32周左右，前额和顶部毛发会开始自然脱落，后枕部的头发在出生后8—12周时才会脱落，这与大多数枕秃的发生时间正好吻合。同时，枕部的摩擦会加速换发过程。婴幼儿头部汗腺密集，容易出汗，汗水刺激头部皮肤，宝宝难受就会通过来回摇头、蹭来蹭去止痒。婴幼儿期最常见的皮肤病——湿疹，也会让孩子剧痒难忍、烦躁不安，摩擦就更频繁了。此外，因婴幼儿的毛发细软，仰卧位睡姿时后脑勺与枕头或床单接触的位置就更容易出现毛发磨损。

宝宝枕秃和缺钙没有必然关系。有研究将枕秃组与对照组的儿童进行血清钙分析，结果无明显差异。如果仅仅是后脑勺脱发，没有其他症状，则无须刻意补钙，也根本不需要上医院。

随着孩子睡眠姿势增多、活动增多，坐着、站着多了，躺着时间缩短、磨头的姿势减少，后枕部毛发进入生长期，枕秃就会自行纠正。给孩子喂饱了奶，让孩子好好吃饭，补充足量的维生素D，就不要担心孩子缺钙了。如果宝宝一出现枕秃，就把原因归到"缺钙"，甚至让孩子补了不必要的钙，导致孩子胃肠功能紊乱，干扰铁、锌的吸收，增加肾脏负担，就得不偿失了。

如果宝宝除了枕秃，还有多汗、夜惊夜啼、生长发育迟缓、骨骼畸形等其他症状，建议及时就医。

（朱俐光）

二七、孩子还小，个子矮没关系，等
　　　青春期"蹿一下"就高了吗？

　　身高是家长圈里永恒的话题之一。有的家长表现得很积极，孩子1个月身高不长就感到焦虑，开始求医问药；有的家长则表现得相对淡定，因为在这部分家长的认知里，青春期是个好机会，身高猛长，矮个子可以在这个时期完美逆袭……矮小的孩子真的都那么容易逆袭吗？

　　首先，家长需要先了解一下矮身材，它是指在相似的环境下，身高较同种族、同年龄、同性别的健康人群身高均值低2个标准差或低于第3百分位以下。矮身材是一种症状，本身不是一种疾病，但隐藏在它背后的就有可能是疾病了。引起矮身材的原因很多：

　　★非内分泌因素包括家族遗传、特发性矮身材、体质性青春期发育延迟、营养不良等。

　　★内分泌因素（生长激素缺陷相关）常见病因包括垂体发育异常、染色体异常、生长激素缺乏等。

★还有一些其他病因，如小于胎龄儿、骨骼发育障碍、精神心理因素、慢性系统性疾病等。

从病因看，有些情况可以观察，但在多数情况下是要采取积极措施的。具体什么原因造成的矮身材，需要依据病史、体格检查、实验室检查、影像学检查甚至遗传学检测等搜寻病因，然后制定相应的治疗方案。

身高的发育是阶段性的，也是有时限性的，发育过程不可逆，所以当家长发现孩子身高异常时，不能盲目观望，应该寻求专科医生的帮助，找到病因再决定如何应对。如果放任不管，等到骨骺闭合，就错过了最佳干预时机。

所以，建议3岁以上的儿童青少年，每年坚持进行生长监测，这样能在早期发现问题，早诊断、早干预，让孩子的身高发育不留遗憾。

（刘娜）

二八、听说打生长激素能长个子，
我家孩子能打吗？

生长激素是由脑垂体前叶分泌的一种肽类激素，可促进骨骼生长，还参与机体碳水化合物、蛋白质、脂肪的代谢。临床上用来治疗导致矮身材的疾病所用到的基因重组人生长激素（rhGH），多采用大肠杆菌分泌型基因表达技术合成，其结构与天然生长激素相同。

rhGH 的问世为众多矮身材患者带来了福音，但近年来也出现了很多超范围用药情况，给 rhGH 治疗带来了很多隐患。只要想长高就都能打 rhGH 吗？当然不是，rhGH 治疗有着严格的适应症，目前用于批准治疗的疾病包括生长激素缺乏症、慢性肾功能不全肾移植前、Turner 综合征、Prader-Willi 综合征、小于胎龄儿、特发性矮身材、短肠综合征、SHOX 基因缺失、Noonan 综合征等。治疗前，患者要先接受系统的检查，评估用药剂量。国内 rhGH 制剂有冻干粉针和水剂两种剂型，粉剂和短效水剂一般采用每周6—7天给药方式，长效水剂采用每周给药方式。治疗过程中要定期监测治疗的有效性和安全性，相关不良反应主要包括良性颅高压、糖代谢异常、甲状腺功能减退、股骨头滑脱、脊柱侧弯、诱发肿瘤等，治疗期间需要密切随访，目前文献报道的不良反应发生率低于3%。

由此可见，rhGH治疗有着明确的适应症，并不是盲目追求"高个子"的捷径，治疗的同时也要承担相应的风险。所以，孩子能不能打rhGH，还是要请专科医生评估后才能决定。

（刘娜）

二九、宝宝睡觉总是摇头晃脑，甚至抓耳挠腮，该怎么办？

睡眠对宝宝的成长至关重要，充足的睡眠让宝宝精力充沛。随着宝宝年龄的增长，睡眠需求不断变化。美国国家睡眠基金会（NSF）提出睡眠时间指导（图1），宝爸宝妈们也可以对照这张图，看看孩子有没有睡够。

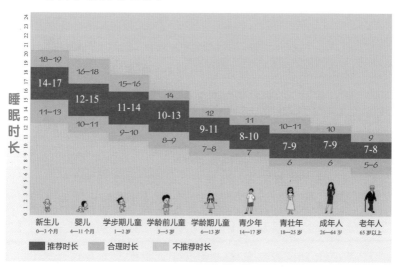

图1 睡眠时间指导

尽管宝宝总睡眠时间比成人多，但是他们很少能睡一整晚觉，时不时在床上有不少小动作，例如摇头晃脑、抓耳挠腮。宝爸宝妈们就会忧心忡忡了——"我的小宝贝儿是不是睡得不安稳？""是不是没有睡好？""是不是亲戚朋友说的缺钙导致了夜惊夜醒啊？"只要保证了儿童适宜的睡眠时长，而且宝宝白天精神反应佳，那这只是宝宝的正常生理性现象。

宝宝的睡眠周期、节律与成人不同；周期比成人短，浅睡眠时间比较长。浅睡眠期本身就不安稳，可能表现为摇摇小脑袋、翻一翻、动一动，很快就又睡着了。目前有针对0—2岁及3—5岁儿童睡眠评估问卷，有需要的宝爸宝妈们可以给宝宝的睡眠进行一次简单评估，看看宝宝到底有没有睡好。

在宝宝睡觉这一过程中，我们需要注意什么呢？

★首先，检查宝宝的睡眠环境中温度和湿度是否适宜，儿童体温比成年人稍高，给宝宝盖的被子不宜太厚，否则宝宝一旦出汗、长疹子就会通过来回摇头摩擦、抓耳挠腮等方式来缓解痒感不适。

★其次，保持睡眠环境清洁，通风良好。

★最后，若儿童夜醒频繁，常惊醒哭闹，甚至出现白天精神不振、烦躁易怒的情况，则需要到医院儿童保健科请医生看看，进一步检查是否有中耳炎、呼吸道感染等疾病，并系统评估是否缺钙。

另外，宝宝的神经系统还在发育完善中，如果只有摇头这一单纯现象，没有其他不适，那么也可能是"双侧内耳发育不均衡"。双侧内耳发育不均衡是发育中常见的问题，宝爸宝妈们可以帮宝宝按摩一下耳朵周围，还可以做一些前庭功能训练以促进宝宝内耳发育成熟，比如小一点的宝宝可尝试"飞机抱""小摆钟"等亲子游戏，大一些的宝宝可尝试荡秋千、坐转椅等活动。随着孩子一天天长大，双侧内耳会逐渐发育平衡。

（朱俐光）

三〇、孩子腿不直，呈"X"形腿或 "O"形腿，该怎么办？

"O"形腿，医学上称为"膝内翻"，俗称"罗圈腿"。它是指双下肢伸直并拢时，双踝关节内侧或者足跟部紧紧靠拢，而双膝关节内侧却不能靠拢，两腿间出现空隙，像英文字母"O"。

"X"形腿，医学上称为"膝外翻"。当双下肢伸直并拢时，双膝关节内侧能接触而并拢在一起，而双踝关节内侧却无法并拢而分离，两腿间出现空隙，从外观上看就像英文字母"X"。

孩子的腿通常看起来都是弯曲的。胎儿在子宫内为了适应狭小的空间，身体是蜷曲的，出生后腿不直属于正常现象，我们称之为生理性"O"形腿，表现为双侧对称，股骨、胫骨均弯曲，体格水平（身高、各部量比例等）正常，程度不严重且无进行性加重，无活动功能障碍及疼痛不适。很多宝宝在18个月前有"O"形腿，之后随着生长会自动矫正，也可能会矫正过度，并在3—4岁时出现"X"

形腿，一直持续到6—7岁才有笔直的腿（图1）。所以当宝宝两腿弯曲的幅度在正常范围内时，可先不干涉。

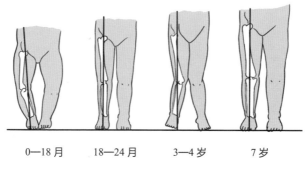

0—18月 18—24月 3—4岁 7岁

图1 0—7岁儿童腿型变化

如果宝宝出现以下其中一项或多项症状，需要尽快就诊：

★双腿弯曲程度严重。

★腿型不对称，一侧较另一侧弯。

★2岁以后，"O"形腿情况仍不断加重，或7岁以上宝宝仍然持续存在"X"形腿。

★除腿不直外，还有腿部疼痛、比同龄儿身材矮小等情况。

有些父母担心孩子腿不直和"缺钙"有关系，

这是有一定道理的。维生素D缺乏性佝偻病被列为我国儿童四大防治疾病之一，是一类以骨骼病变为主要特征的慢性疾病。由于多种因素导致的钙磷代谢异常、骨化障碍而引起骨骺闭合前的儿童，会出现生长发育期的骨骼病变。

★初期，孩子表现为多汗、夜啼、夜惊等非特异性神经精神症状。

★慢慢进展至活动期表现为颅骨软化、方颅、肋骨串珠、郝氏沟、鸡胸、漏斗胸、手足镯、"O"形腿或"X"形腿等骨骼改变。

所以，缺钙是可能导致"O"形腿或"X"形腿的。但只要按照国家儿童保健要求，定期体检、监测生长发育、根据医生建议补充维生素D制剂，那么因为饮食性钙缺乏导致"X"形腿、"O"形腿的情况，则是很少见的。

（朱俐光）

三一、骨龄是什么？

很多细心的家长在体检套餐，或是媒体宣传中发现了"骨龄"这项检查，但是面对这两个熟悉又陌生的汉字，很多家长一头雾水，这到底是怎样一项检查呢？下面就让我们一起来揭开谜底。

骨龄，顾名思义是指骨发育的年龄。骨龄是不同于生理年龄的生物年龄，是评估生物体发育情况的良好指标，同样以岁为单位。检查方法很简单，就是拍摄一张左手腕部正位X光片。医生通过X光片观察左手腕、掌、指骨各个骨化中心的生长发育情况，进行骨龄评定，骨龄与实际年龄相差 ±1岁都属正常。

我们为什么要测骨龄呢？目前骨龄广泛应用于儿童内分泌科，在矮身材、性早熟、先天性肾上腺皮质增生症等疾病的辅助诊断及疗效监测上发挥着重要作用。此外，骨龄在儿童生长发育专科也是必不可少的检查项目，医生可以通过骨龄进行成年身高预测、判断儿童是否为"晚长"或"早长"、评价儿童骨龄身高、生长速度等。

影响骨龄的因素很多，常见的如甲状腺素、生长激素、性激素、遗传、营养、环境等。骨龄的发育是非匀速的，单次骨龄结果只能反映当时的发育状况，无法完全代表整个生长过程。因此，单次骨龄预测的成年身高也不是足够精确的，需要定期监测。另一方面，骨龄提前也不等同于性早熟，还要结合线性生长速度和性发育成熟度进行综合判断。

那么，每个孩子都必须做骨龄检查吗？当然不是。对于在生长监测过程中发育正常的孩子，尤其是小年龄段（6岁以下）的孩子，没必要做骨龄检测；但生长发育存在异常情况的孩子，如矮小、生长过快、肥胖、怀疑性早熟等，可在专科医生的建议下进行骨龄检查。因此，定期生长监测非常重要，到底做不做骨龄检查还是要交给医生来判断。

（刘娜）

三二、孩子爸妈都高，孩子以后
也会长得高吗？

俗话说"龙生龙，凤生凤"，可见大家向来对遗传的力量深信不疑。在孩子的身高发育上也是如此，大多数家长目前还是笃定自己的身高对后代的身高起着决定性作用。同种族、同性别的人群，其身高在不同历史环境下，也有着显著的差别，可见遗传以外的影响因素也发挥着重要作用（图1）。那到底是哪些因素在影响着我们的身高呢？

首先，我们要了解一下身高的增长模式。孩子身高的增长并非匀速的线性模式，而是呈现出动态性、阶段性特征，影响身高的因素也较为复杂，包括遗传、营养、内分泌、环境、疾病和社会心理因素。在不同的生长发育阶段，身高的增长速度是不一样的：

★婴儿早期的生长主要受控于营养状况，呈现出第一个生长高峰。

★2岁以后，遗传因素的作用开始逐步显现，学龄前期以生长激素和甲状腺激素调控为主，生长速度较稳定。

★进入青春期后，生长的调控主要依靠生长激素和性激素，身高会呈现第二个生长高峰。

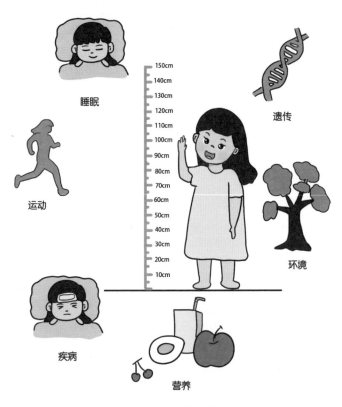

睡眠

遗传

运动

环境

疾病

营养

图1　影响孩子身高的因素

其次，我们也要知道影响身高生长的因素并不是单一的，遗传只是其中之一。我们通过遗传身高计算公式，即女孩为（父母身高均值 −6.5）±5cm、男孩为（父母身高均值 +6.5）±5cm，所得的遗传身高是一个范围，有上下 5cm 的波动。

如果在生长发育过程中养成了不良饮食或生活习惯，或出现某些疾病（如生长激素缺乏、甲状腺功能减退、性早熟、脑垂体病变、染色体异常等），若不及时进行干预的话，最终成年身高和遗传身高的差异将更加明显。

所以，我们不能盲目地迷信遗传身高，父母在孩子的生长发育过程中，要重视生长监测，出现身高增长异常要及时咨询医生，及时发现相关疾病并及时干预。同时，保证营养均衡，养成健康的生活习惯，为孩子的身高加分。

（刘娜）

三三、孩子都上小学了，
还需要补维生素 D 吗？

说到维生素 D，相信每个妈妈都不陌生。孩子刚出生，医生就会叮嘱妈妈们怎么给孩子补充维生素 A 和维生素 D。0—3 岁做儿童保健的时候，医生也会指导妈妈给孩子服用维生素 A 或维生素 D，目的很明确，就是预防佝偻病。但是孩子渐渐长大上学后，因为学业繁忙，很多家长在这个时候可能会忽略给孩子定期体检咨询。这个阶段，孩子还要不要补维生素 D 呢？

首先，还是先了解一下维生素 D 的作用，以及为什么要补充。维生素 D 是一种人体必需的脂溶性维生素，参与调节机体的钙磷平衡和骨质代谢，同时还具有调节免疫、保护心脑血管，预防代谢性疾病等作用。近年来的研究显示，维生素 D 还与儿童感染性疾病和过敏性疾病的发病及严重程度相关。也就是说，维生素 D 不仅仅可以让孩子的骨骼发育更健康，还能预防很多其他疾病。

但是，这样一个"宝藏"营养素，在人群中的营养状况却是不尽如人意的。《中国居民膳食指南科学研究报告（2021）》指出，2016—2017年，中国6—17岁儿童青少年血清维生素D缺乏率为18.6%。2023年，《柳叶刀》子刊上发表了一项研究，统计数据发现全球约30%—80%的人群血清25—羟基维生素D低于20ng/ml。维生素D缺乏，已是相当普遍的问题。

那么，维生素D到底该怎么补，补到什么时候？其实这个问题目前还存在一定争议，但我们根据已有资料可获得一些参考。美国儿科学会建议：**每天补充维生素D量为400—600IU，一直到青春期结束**。美国医学会则认为：**可终身补充**。根据我国《维生素D缺乏及维生素D缺乏性佝偻病防治建议（2015）》结合临床实际情况，3岁到青春期每日补充400IU的维生素D是很安全的。

（刘娜）

三四、还没上幼儿园的女童胸部怎么有"包包",是发育了吗?

随着近年来性早熟发病率的上升,家长们也变得越来越小心,发现"可疑"情况会立即带孩子去看医生。下面我们就来了解一下性早熟,看看这个"包包"到底是怎么回事。

根据我国最新的医学共识,性早熟的诊断年龄:女童7.5岁前出现乳房发育或10岁前出现月经初潮;男童9岁前出现睾丸增大。因此,家长若发现孩子性征出现提前,务必要引起重视。

根据下丘脑-垂体-性腺轴是否提前启动,又可以将性早熟分为中枢性性早熟(真性性早熟)、外周性性早熟(假性性早熟)和不完全性性早熟(部分性性早熟)。

★中枢性性早熟是由于下丘脑提前分泌促性腺激素释放激素,激活了性腺轴使垂体分泌促性腺激素导致性腺发育,出现第二性征,发育顺序与正常青春期相同。

★外周性性早熟常继发于其他疾病。

★不完全性早熟常见单纯乳房早发育、单纯性阴毛早现、单纯性早初潮等，一般为孤立性的发育，不伴其他性征表现。

0—3岁女童乳房硬结大部分为单纯性乳房早发育，关于发病机理，多数研究认为，当胎儿脱离母体，胎盘源性的雌激素对婴幼儿下丘脑-垂体-性腺轴所产生的抑制作用不再持续，使得促性腺激素分泌暂时增加，引起性激素水平增高，导致幼儿乳房发育。但这多为暂时性的，可自行消退，然而也有少部分情况可发展为中枢性性早熟。

要如何鉴别此种情况，需要专科医生通过询问病史、体格检查、实验室检查、影像学检查等来综合判断。所以，发现孩子出现可疑性征，立即找医生是正确的。如诊断为单纯性乳房早发育，要注意随访，一般建议3个月一次。如诊断为中枢性性早熟或外周性性早熟，则需要接受治疗。

（刘娜）

三五、孩子一年长 9 厘米，又高又壮，
还需要生长监测吗？

孩子长得高、长得壮是很多家长追求的生长目标，甚至以养出一个"小胖墩"为炫耀的资本。但是这却非专业人士愿意看到的结果。

大多数孩子在适宜的生活环境下，其遗传潜力会得到充分发挥，生长发育会遵循一定的规律并稳定生长，通常 4 岁到青春期前的孩子每年身高增长 5—7 厘米，每年体重增长 2 千克（图 1）。

图 1　儿童生长监测

但如果生长速度过快，导致身高、体重大于同年龄、同性别儿童正常均值2个标准差以上，除了遗传因素，就要警惕性早熟。性早熟儿童常伴短期生长加速，身高提前生长，但因为性激素提前启动导致骨骺闭合提前，最终成年身高受损。除了性早熟，垂体病变或其他遗传内分泌疾病也有可能引起生长速度过快，需要及时排查引起生长异常的病因，及时就医以免错过治疗时机而引发严重后果。

在育儿过程中，家长通常更在意生长缓慢而因此及时就医，生长过快的儿童反而往往被忽略了，甚至会被延误治疗。所以家长一旦发现孩子生长速度异常，一定要高度重视。

（刘娜）

三六、多给孩子补钙就能长得高吗？

补钙，一直是家长们深信不疑的增高秘方，各种钙补充剂应运而生，补钙真的那么神奇吗？

钙元素是人体含量最丰富的矿物元素，对维持儿童青少年正常的骨矿物含量、骨密度和达到最高骨量峰值，至关重要。而身高的增长就是我们骨骼生长的过程，这个过程除了营养，主要依靠内分泌调控。大家熟悉的生长激素是调控下丘脑 – 垂体 –IGF1 轴过程中的重要激素，可促进骨骼和肌肉的生长。可见，身高发育中内分泌系统起到了举足轻重的作用。如果说钙是身高发育的原材料，那么内分泌调控就是身高发育的原动力。

钙的来源主要是奶和奶制品，绿色蔬菜、大豆及其制品也含有较丰富的钙，可作为补充来源。钙缺乏通常没有特异性临床表现，血钙水平亦不能用于判断体内钙营养状况，可根据饮食摄入情况评估钙缺乏的风险。钙剂的补充量以补充食物摄入不足部分为宜，同时补充维生素 D，可促进钙的吸收。

孩子都需要补钙吗？这个问题要从孩子对钙的需要量说起。表1是中国营养学会推荐的各年龄段儿童钙参考摄入量（表1）。

年龄（岁）	推荐摄入量（毫克/天）	最大耐受量（毫克/天）
0—0.5	200	1000
0.5—1	250	1000
1—4	600	2000
4—7	800	2000
7—11	1000	2000
11—14	1200	2000
14—18	1000	2000

表1　各年龄段儿童钙参考摄入量

钙不是补得越多越好。

★过量补充钙剂会对儿童身体造成不良影响，如导致便秘、浮肿、多汗、厌食、恶心等症状。严重者还可能出现高钙血症，导致肾结石、血管钙化。

★过量的钙摄入还会影响锌、铁元素的吸收，造成锌、铁元素缺乏。该不该补钙要看孩子的实际需要量与摄入量是否平衡，不能盲目补钙。

（刘娜）

V 耳鼻咽喉保健篇

三七、孩子听力筛查没有过怎么办？

新生儿听力筛查及0—6岁儿童保健系统的听力筛查是宝宝听力保健常规项目。

首先，我们来了解一下什么是"新生儿听力筛查"，新生儿听力筛查是通过耳声发射、自动听性脑干反应和声阻抗等电生理学检测，在新生儿出生后自然睡眠或安静的状态下进行的客观、快速和无创的检查。总体目标是早期发现有听力障碍的儿童，并能给予及时干预，减少对语言发育和其他神经精神发育的影响。

筛查对象主要有两类，一是所有出生的正常新生儿；二是具有听力障碍高危因素新生儿，包括在新生儿重症监护室48小时及以上者、早产（小于26周）或出生体重低于1500克、高胆红素血症、有感音神经性和（或）传导性听力损失相关综合征的症状或体征者、有儿童期永久性感音神经性听力损失的家族史者、颅面部畸形（包括小耳症、外耳道畸形、腭裂等）、孕母宫内感染（包括巨细胞病毒、疱疹、毒浆体原虫病等）、母亲孕期曾使用过耳毒性药物、出生时有缺氧窒息史（Apgar 0—4 分/1min 或 0—6 分 /5min）、机械通气 5 天以上、细菌性脑膜炎。报道表明，正常新生儿和高危因素新生儿听力损失发病率的差异较大，正常新生儿发病率约为 1‰—3‰，高危因素新生儿发病率约为 2%—4%。目前我国使用的听力筛查仪器主要有耳声发射（OAE，图 1）和自动听性脑干反应（AABR，图 2），筛查结果以"通过"或"未通过"表示。

图 1 耳声发射检查　　图 2 自动听性脑干反应检查

宝宝出生后72小时左右，应接受听力筛查（初筛），筛查结果分为双耳通过、双耳未通过以及单耳未通过。看到这里，很多家长就想知道听力初筛未通过的原因，根据研究表明，听力筛查用OAE或AABR结果受多种因素的影响，主要表现为：新生儿期宝宝的外耳道存在羊水、胎脂等残积物，这些物质会使耳声发射的传入刺激声和传出反应信号衰减或消失，从而导致耳声发射引出信号的减弱或消失，筛查结果便出现未通过。

宝宝听力筛查要注意哪些情况？以下几点需要关注：

★首先，新生儿中耳积液是影响OAE测试结果的主要干扰因素。

★其次，听力筛查时小儿体动较多或烦躁，可能出现假阳性，应该尽量避免。

★另外，如发现小儿感冒、鼻塞、流涕、咳嗽或喉鸣及呼吸音重等情形，也可能造成假阳性。

因此，听力筛查没有通过的宝宝应该遵医嘱在42天内进行复筛，复筛仍未通过的宝宝，应在2个月内转诊至听力诊断中心确诊。当然，宝宝通过了新生儿听力筛查，说明当前听觉功能正常，但并不能完全排除迟发性听力损失的风险，因此，0—6岁的宝宝每年均应该接受儿童保健机构的听力筛查。

接下来，我们需要了解什么是0—6岁儿童听力筛查，根据规范，儿童通过新生儿期听力筛查之后，在健康检查的同时也要进行耳及听力保健，其中6、12、24和36月龄为听力筛查的重点年龄（表1）。听力筛查运用听觉行为观察法或便携式听觉评估仪进行听查，有条件的社区卫生服务中心和乡镇卫生院，可采用筛查型耳声发射仪进行听力筛查。

年龄	听觉行为反应
6月龄	不会寻找声源
12月龄	对近旁的呼唤无反应 不能发单字词音
24月龄	不能按照成人的指令完成相关动作 不能模仿成人说话（不看口型）或说话别人不懂
36月龄	吐字不清或不会说话 总要求别人重复讲话 经常用手势表示主观愿望

表1 听觉行为反应异常表现

出现以下情况之一者，应当及时转诊至儿童听力检测机构做进一步诊断：

★听觉行为观察法筛查任一项结果阳性。

★听觉评估仪筛查任一项结果为阳性。

★耳声反射筛查不通过。

因此，如果宝宝听力筛查没有通过，家长一定要根据要求及时就诊，避免延误治疗。

（王锐）

三八、宝宝耳朵前面有个小洞洞，
　　　有没有影响？

　　很多细心的家长发现宝宝耳朵前面或者耳廓内有个小孔样的开口（图1），很担心宝宝的身体状况。下面，请各位家长跟我们一起了解一下什么是"先天性耳前瘘管"。

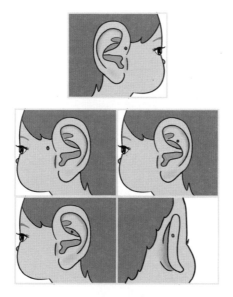

图1　不同的位置的先天性耳前瘘管

先天性耳前瘘管俗称"耳仓"，顾名思义，像是耳朵的"小仓库"，但它却是临床常见的先天性外耳疾病。瘘管开口多数位于耳轮脚前，少数出现在耳廓里三角窝或耳甲腔部位。

先天性耳前瘘管的发病原因是宝宝还处于在妈妈肚子里生长的胚胎时期，具有像鱼类的鳃弓，而形成耳廓的第1、2鳃弓的6个小丘样结节融合不良，或第1鳃沟封闭不全会导致"耳前瘘管"的出现。它属于遗传性疾病，为常染色体显性遗传。根据国内抽样调查，其发生率达到1.2%—2.5%，可以一侧或双侧发病，单侧多于双侧（4∶1），且女性发病多于男性（17∶1）。

当然，各位家长也不用过于担心，"先天性耳前瘘管"一般无不良症状，也不会影响听力，但还是要重视听力筛查。此外，按压瘘管口时可有少许稀薄黏液或乳白色皮脂样物自瘘口溢出，局部可有痒感不适。在临床上，把"先天性耳前瘘管"分为单纯型、分泌型和感染型三种类型，其中感染型占先天性耳前瘘管发病的82.58%、分泌型占3.87%、单纯型占13.15%。单纯型终生不发生感染，可以不必手术。但是，尤为值得注意的是，家长一旦发现宝宝耳前瘘管口皮肤红肿、疼痛，瘘管口有脓性分泌物渗出，这种情况就提示有急性感染（图2），家长应该及时带宝宝就医，避免延误病情乃至引起其他并发症。

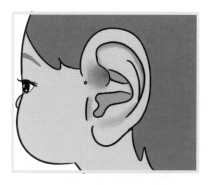

图2 耳前瘘管感染

温馨提示

在日常生活中，宝爸宝妈们可以通过保持宝宝面部、耳部清洁，避免脏水进入瘘管，有助于减少瘘管感染发生的几率。

（王锐）

三九、刚出生的宝宝耳廓畸形，
怎么回事？

在回答这个问题之前，请家长们跟我们一起来了解正常的耳廓是什么样子（图1）。

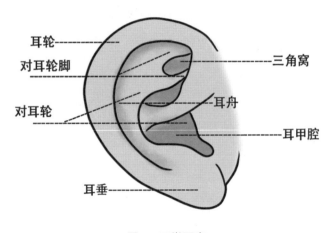

图1　正常耳廓

形态正常的耳廓位于头颅两侧，左右对称，其上端与眉上的水平线齐平，下端位于经过鼻底的水平线上，其纵轴与鼻梁大致平行，与颅侧壁约构成30°的夹角，属于外耳。耳廓由皮肤和薄且具

有弹性的软骨支架构成，其外形像一个饱满圆润的
"C"字母。

那什么是耳廓畸形呢？它是指耳廓肌肉发育
异常或异常外力作用使耳廓产生的扭曲变形，不伴
明显的软骨量不足。简而言之，就是耳廓的形态异
常。在临床上耳廓畸形主要分为8种（图2）：招
风耳、杯状耳、垂耳、stahl's 耳（猿耳）、环缩耳、
耳轮畸形、隐耳、Conchal Crus 耳（耳甲腔、中耳
轮脚横向突起）。

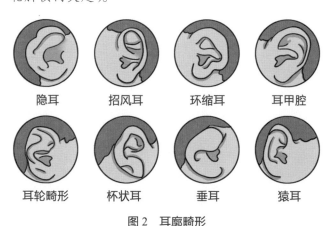

隐耳　　招风耳　　环缩耳　　耳甲腔

耳轮畸形　　杯状耳　　垂耳　　猿耳

图 2　耳廓畸形

先天性耳廓畸形的原因尚不完全清楚，一些可
能的因素包括：

★遗传：如眼、耳、脊椎发育异常症候群等。

★发育：接触毒素、病毒感染（例如风疹等）、发育期间耳朵血供中断等。

★肌肉异常。

★外力：胎儿体位、分娩时产道挤压等。

先天性耳廓畸形的发生率高，文献报道为55.2%—57.5%，虽然31.5%左右的轻度耳廓畸形能够自愈，但仍有相当一部分患者不能自愈。患有先天性耳廓畸形不仅是人体美学上的缺憾，还会对宝宝的生长发育产生负面影响。例如，来自他人的异常关注或嘲笑让宝宝对自己身体的缺陷产生消极情绪，甚至可能出现自卑、自闭的心理状态。

需要注意的是，现实中太多家长并不关注和重视耳朵"形态"的异常，以为"回家多摸一摸、拉一拉、拽一拽，说不定就好了"，结果使许多宝宝的耳廓畸形错过了最佳治疗期（出生1月内）。而中重度耳廓畸形或有家族史的耳廓畸形，常不会自我修复，建议家长尽早带宝宝到专业医疗结构进行诊断、干预。

（王锐）

四〇、宝宝的"耳聋基因"检测报告有"基因突变"是什么意思？

我国是听障人口最多的国家，每年新生耳聋患儿约万余名。我国新生儿听力筛查工作从20世纪80年代就已经开展了，目前已形成并建立了初筛、复筛、诊断和干预这样一套完整的体系。听力障碍已成为我国第二大出生缺陷疾病，有数据显示，我国现有听力残疾人2780万，其中0—6岁儿童超过80万人，60%致聋原因是基因缺陷。中国人群中耳聋基因突变携带率约为6%，即每100个听力正常的人中，就有6个人存在耳聋突变基因携带。

并非所有耳聋均会在出生后立即表现出来，有这样一群特殊的孩子，因为携带遗传性耳聋基因，随着年龄的增长才慢慢表现出来，因此遗传性耳聋的基因学诊断十分重要。

通过听力筛查和耳聋基因检测这种联合筛查的方式可以有效提高遗传性耳聋患儿的检出率，及早发现迟发性耳聋和药物性耳聋患儿，大大缩短随访和确诊时间，及早干预和康复可以有效避免语前聋。简单地说，就是听力筛查能检测出部分先天性耳聋；而新生儿耳聋基因筛查是一个补充，能筛查出一部分的先天聋、后天聋、药物聋等。

到这里，家长们可能看得"云里雾里"，没关系，且听我们细细道来。"新生儿耳聋基因检测"实际是通过采集被检新生儿的足跟血来进行耳聋基因检测，可以确认宝宝的这些耳聋基因是否存在缺陷，以便对耳聋患者或受累者进行干预治疗和对携带者进行生育指导。

对于我国人群，三大常见耳聋基因有哪些呢？

1. GJB2基因：最常见的先天性致聋基因

GJB2基因突变在1997年首次被发现，它在儿童语前聋中占20%，在儿童非综合征耳聋（NSHI）中占40%，是中国人最常见的致聋基因。

临床表现：GJB2基因突变造成的听力损失程度，从轻度到极重度不等，大多表现为先天性的重度或极重度耳聋。

后期干预方法：最好的办法是通过新生儿听力筛查及耳聋基因筛查尽早发现并确诊病因，进行人工耳蜗植入，以保证听觉言语能力的正常发展。

2. SLC26A4 基因：大前庭导水管相关致聋基因

大多数新生儿出生时可能并不存在听力损失，但是出生后若遇到颅内高压则会出现前庭导水管扩大的现象，导致听力下降甚至耳聋。这种情况通常会在出生后几年内发病，发病之前通常有感冒发烧、轻微颅外伤。

临床表现：典型表现为儿童时期的听力损失，90% 的患者为双侧性，听力损失程度不一。跌倒、撞击等行为或无外界影响都可能引发听力的下降。

后期干预方法：通过基因筛查可以在轻、中度耳聋中筛选出听力较好的患儿，对其正确指导，避免跌倒、撞击等外界因素，有残余听力的病人可佩戴助听器，听力损失达到重度或极重度者应考虑植入人工耳蜗。

3. 线粒体 12SrRNA 基因：药物性聋相关致聋基因

这部分孩子对氨基糖苷类药物非常敏感，小剂量使用此类药物也会发生极重度耳聋，又叫作一针致聋基因。一经发现，就可以给予他们一些明确针对性的用药提示，提示这类药终身禁用；也有部分该突变基因携带者，在没有服用氨基糖苷类药物的情况下出现听力损失。

临床表现：在使用诱发基因突变药物后致聋。

后期干预方法：通过耳聋基因筛查可以在早期发现药物性聋高危人群，终身避免使用氨基糖苷类药物及其他耳毒性药物，防止耳聋的悲剧发生。

那这些基因的遗传方式是怎样呢？GJB2基因和SLC26A4基因都是常染色体隐性遗传方式，即纯合突变患者是因父母均为隐性致病基因携带者所致；线粒体12SrRNA基因是母系遗传方式，即如果母亲是突变患者，那么她所有子女均为突变患者。

当然，对于检测结果中纯合突变和杂合突变，我们应该把耳聋基因检测结果和听力筛查结果两者结合到一起研判。

★一般而言，携带纯合突变的就是耳聋患者，只是听力损失轻重程度不一，发病时间早晚不同。

★携带单杂合突变的新生儿听力通常不受影响，但是如果其未通过听力筛查则应进行详细检测，以防复合杂合突变导致的耳聋。

★携带杂合突变的新生儿如果通过了听力筛查，也应定期监测听力，因为当下检测是具有局限性的。

根据相关报道，与耳聋相关的基因有数百种，每种基因又存在多个突变位点。但是因检测位点有限，当检出单杂合携带者时，应谨防其他未被检测到的罕见位点的突变。所以，家长如果发现宝宝听力有变化，请及时就诊。

（王锐）

四一、6月龄宝宝经常抓耳朵，
　　　都抓出血了，这是什么情况？

很多家长发现宝宝总是抓耳朵，吃奶也抓、睡觉也抓、哭着也抓、高兴了也抓，轻则耳朵被抓得红彤彤，重则皮肤被抓破出血（图1）。到底是什么原因让宝宝和耳朵这么过不去呢？

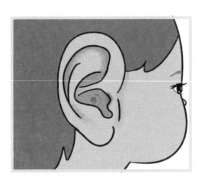

图1　耳朵皮肤被抓破出血

实际上，宝宝抓耳朵有很多原因，有生理性的，也有病理性的，我们先来看看生理性原因。

1. 好奇心
宝宝在生长过程中逐渐产生了探索精神，对

一切事物都充满了好奇。当然，最开始也最有能力探索的对象就只有自己的身体了。细心的家长会发现，这一时期的宝宝不仅仅抓耳朵，他们还会吃手指、啃脚丫、用口水吐泡泡，等等。如果宝宝出现了把耳朵抓破出血的情况，建议家长多转移宝宝的注意力，可以和宝宝说说话，或者带宝宝出去走走，多看看外面的新事物。

2. 出牙

当宝宝在长牙时，乳牙的萌出会刺激到牙龈神经和周围的组织，导致牙龈的不舒适。这种不舒适会在宝宝平躺时传到耳朵，宝宝只能通过抓耳朵的方式来缓解这种不舒适，通常这个时期的宝宝还会流较多的口水。如果宝宝是因为长牙造成不舒适而抓耳朵，家长可以给宝宝准备磨牙胶，这样可以缓解萌牙时牙龈充血的不适感。

接着，我们来看看病理性的原因。

1. 外耳道耵聍

每个宝宝耳朵里或多或少都有耵聍，也就是我们俗称的"耳屎"。平时，这些耵聍在耳道内黏附外来灰尘并滋润保护耳朵皮肤。正常情况下，耵聍会在张口咀嚼等下颌运动时自然排出。如果宝宝没有在出牙（牙龈红肿），但还是反复抓耳朵，那家长们就要看看是不是宝宝长了太多"耳屎"，以至于平躺睡觉来回摆动的时候，耳朵里面来回响动而刺激到外耳道导致宝宝不舒服。我们一般不建议家长自行给宝宝掏耳朵（图2）。安全起见，必要时应该找专业的耳科医生给宝宝做耳道清理。

图2　清洁耳朵

2. 湿疹

湿疹主要表现为耳廓前后，以及耳周皮肤出现很小的斑点或斑点状红疹（图3）。如果发现宝宝时常烦躁，还伴有耳道脱皮、脱屑、流黄水，就要考虑外耳道湿疹的可能了。对于湿疹，家长要注意避免热水烫洗、挠耳、接触过敏原等，尽量减少接触肥皂、洗衣粉、洗涤精等刺激物，还需要经常留意宝宝周围的冷热温度及湿度的变化，同时注意局部皮肤保湿。当然，最重要的一点是宝宝出现湿疹应及时到医院就诊处理。

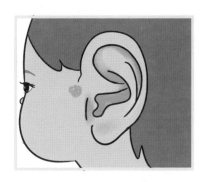

图3 耳周皮肤湿疹

3. 中耳炎

耳道感染常常引发耳部疼痛，宝宝无法表达疼痛时便会用手抓耳朵。如果宝宝在抓耳朵的同时，还伴有发热、摇头、爱哭闹、食欲降低、耳朵中流出黄色或者白色液体、耳部有难闻气味等现象，那就有可能是中耳炎了。这种情况，家长应及时带宝宝去医院就诊治疗（图4），千万不要自行用药，以免留下隐患，耽误了病症的彻底治疗。

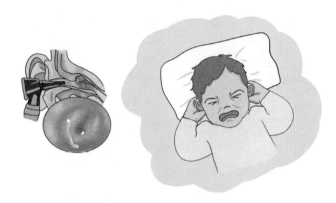

图4　中耳炎治疗

温馨提示

对于家长们来说，平时需要注意：

★对于爱抓耳朵的宝宝，需要给宝宝勤洗手、剪指甲，让宝宝抓挠的时候不会弄伤自己。

★要避免自行给宝宝清理耵聍。

★注意喂养姿势，避免宝宝呛奶。

当然，如果对于以上抓耳朵的原因实在拿不准，建议：及时前往正规医疗机构就诊！

（王锐）

四二、1月龄宝宝耳道流黄水，
　　这是什么情况？

许多宝宝会有耳道流黄水的现象，尤其在宝宝睡一觉起来，家长会发现枕头上有黄水印子，这让家长十分担心。下面将为各位家长列出临床上较为常见的几种原因。

1. 油性耵聍

油耳屎俗称"油耳"。油耳屎是基因决定的，有的人耳道里的耵聍腺和皮脂腺分泌比较多，排出时呈棕黄色、油性黏稠物质，在尚未干燥后就已积满在外耳道眼里，有的甚至流出耳外，有的凝聚成团，这些统称为软耳屎，俗称"油耳"，医学上叫油性耵聍（图1）。当宝宝侧头或者晃头时，这种"稀耳屎"有可能就会流出来，表现为淡

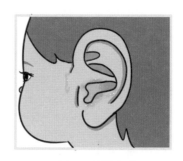

图1　油性耵聍

黄色的分泌物，一般这种情况都是双耳出现。

2.外耳湿疹

湿疹是由多种内外因素引起的变态反应性多形性皮炎，因为耳廓和外耳道内都是皮肤结构，所以

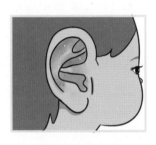

图2　外耳湿疹

也会长湿疹。凡是能诱发皮肤湿疹的因素，也都能诱发外耳湿疹。它最常见的症状是耳廓和耳道瘙痒，宝宝常表现为烦躁、挠耳，伴有耳道脱皮、脱屑、耳道流水，流的可能是黄色澄清的液体，一般不伴发热（图2）。

3.急性中耳炎

婴儿的咽鼓管具有短、平、宽、直的特点，鼻腔里的炎症比如感冒、鼻炎、上呼吸道感染等会通过咽鼓管传递到中耳里面，由此引起急性中耳炎。患上急性中耳炎的患儿会出现高热、耳部疼痛、听力下降等现象，由于婴幼儿不会表述，只能表现为大哭、剧烈摇头、耳朵流水等现象，而耳道流的黄水一般都有脓臭味且较为黏稠（图3）。

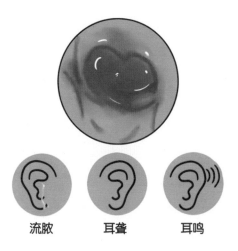

流脓　　　耳聋　　　耳鸣

图3　中耳炎

　　急性中耳炎发作期对孩子的影响是比较大的，所以在生活中家长一定要注意把握治疗的最佳时期，如果延误治疗，急性中耳炎很有可能慢慢地转化为慢性中耳炎。

　　综上，如果家长们发现宝宝耳道流出黄色液体，应该警惕起来，及时带宝宝到正规医疗机构就诊，以便进一步明确病因，尽早诊疗。

（王锐）

四三、孩子耳屎多，家长能不能 自己掏呢？

"耳屎"是我们耳熟能详的人体分泌物，虽然它听着难听，感觉特别脏的样子，但是实际上它对于人体却是个好东西。

"耳屎"学名叫耵聍，主要是由外耳道软骨部皮肤里的耵聍腺和皮脂腺分泌出的分泌物，还有进入外耳道的灰尘、耳道脱落的皮屑等混合而成。它们附着在耳道内壁上，当灰尘、污垢等进入耳道时，可以起到阻止外来杂质、保护耳道的作用。同时，耵聍还具有一定的润滑外耳道的好处。因为耵聍含有油脂，可以让外耳道皮肤不会太过于干燥而引起瘙痒、皮肤皲裂等问题，从而起到保护作用。

虽然"耳屎"有一定的保护作用，但也不能放任它们产生和堆积在耳道中，因为"耳屎"堆积过多会阻塞耳道，临床上称之为"耵聍栓塞"，严重者可能会影响听力或诱发外耳道炎、中耳炎等。

很多家长会选择自己给宝宝掏耳朵，为了防止掏"耳屎"弄疼、弄伤孩子，还特意选择了柔软的棉签。实际上，"耳屎"可不能乱掏，尤其是不能使用手指、挖耳勺、棉签等东西简单粗暴地探进去挖。因为孩子的外耳道相对狭窄且呈"S"型，乱掏反而有可能把"耳屎"越推越深，甚至会伤害到外耳道皮肤和鼓膜，诱发炎症，损害听力（图1）。

图1　鼓膜损伤

一般情况下，耵聍会在我们吃饭、说话等张口活动时自然地掉出来，不会对生活造成太大影响。日常生活中，家长们也可试着用湿棉巾轻轻擦拭清洁孩子的耳廓及耳道口的灰尘和皮肤分泌的油脂、皮屑等，减少耳屎的形成和堆积。

当然，如果发现低年龄的孩子不停地揉抓耳

朵，表现得很难受，或者是对于比较细小的声音反应欠佳，耳朵里已经出现明显阻塞耳道的耵聍团堆积时，或者大一点的孩子可能会表达出自己有耳闷塞感、耳鸣、耳痛或者耳痒的情况，家长就应带孩子来医院进行检查处理了（图2）。

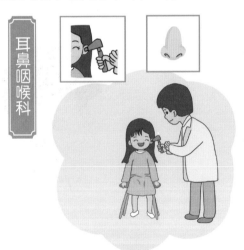

图2 儿童检查耳朵

总之，家长自己给孩子掏"耳屎"是存在很大风险的，一不小心就可能伤到孩子。所以，清理耵聍还是要去医院接受正规的处理才最安全。

（王锐）

四四、孩子游了泳以后突然说耳朵痛，
怎么回事？

随着天气逐渐炎热，游泳成为很受欢迎的亲子娱乐活动。但有不少小朋友在游泳后出现耳朵疼痛的情况，下面就看看"游泳后耳朵疼痛"的几种原因。

1. 耵聍膨胀

孩子耳道深部存在较大块耵聍，平时没有明显的不适症状。游泳时池水进入外耳道，耵聍块浸水后发生膨胀压迫外耳道，导致耳朵出现胀痛。

2. 外耳道炎症

游泳时外耳道进水，耳道皮肤受浸泡后角质层受损，同时其酸性环境变化，容易被泳池水中的细菌侵入，耳道感染就会引起外耳道炎症。尤其是平时就有经常掏耳习惯的孩子，外耳道皮肤本身可能已有充血红肿或者局部破损的情况，游泳之后发生外耳道炎的几率就更高了。

3. 中耳炎

因为孩子的咽鼓管还处于发育阶段，相较成

人既短粗又平直，位于耳、鼻、咽喉的细菌很容易侵入。如果游泳过程中发生呛水，尤其是呛入卫生不达标的水通过鼻腔或者口腔进入咽鼓管，细菌又通过鼻咽部的咽鼓管到达中耳，就很有可能引发中耳炎导致耳痛。对孩子来说，这种疼痛真的非常难受。所以，我们建议：

★孩子在游泳前，如果耳道里耵聍较多，最好先将耳道清洁干净。

★应该避免在不干净的泳池，或是很久没有换水的泳池长时间戏水。

★如果耳朵进水，应急方法是侧头并将进水的耳朵朝下，单脚跳跃以排出外耳道内的存水。

温馨提示

患有感冒、鼻窦炎、耳朵发炎的孩子，暂时不宜游泳；游泳后，家长要随时观察孩子的状况，如果您的孩子出现了耳痛、耳朵流脓、听力下降等情况，一定要及时到正规医院就医。

（王锐）

四五、孩子看电视总把声量调很高，
要大声喊他才答应，是听力
有问题吗？

有些家长可能会发现孩子看电视时会把声音调得很大，呼喊孩子没有明显回应，常常以为是自家孩子比别家小孩"酷"，或是贪玩、注意力不集中，一直未予重视。但实际上，出现这种情况，家长也一定要注意排查孩子的听力有无异常。

根据临床数据，我们罗列了下面两种常见原因。

1. 耵聍栓塞

耵聍栓塞是指外耳道内耵聍分泌过多或排出受阻，使耵聍在外耳道内聚集成团，阻塞外耳道（图1）。通俗点讲，就是"耳屎堵住了"。当耵聍完全阻塞外耳道可导致听力减退，临床上主要表现为传导性听力下降。这种情况下，家长应该注意不要自己盲目地进行耳道清理，因为自己掏"耳屎"是存在很大风险的，一不小心还可能会伤到孩子，应该到正规医疗机构找耳科医生进行处理。

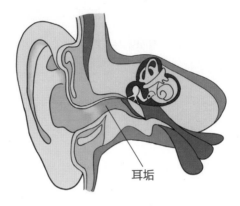

耳垢

图1　耵聍栓塞

2.分泌性中耳炎

　　分泌性中耳炎是以中耳积液及听力下降为特征的中耳非化脓性炎性疾病（图2），又称渗出性中耳炎或卡他性中耳炎。它为耳鼻喉科常见疾病，儿童发病率比成人高，是引起儿童听力下降的重要原因之一。孩子分泌性中耳炎在上呼吸道感染后，以耳闷胀感和听力减退为主要症状。由于耳痛不明显，孩子在表达交流时也难以

图2　分泌性中耳炎

精准描述，往往主诉不清楚。多数情况下，在孩子听力受到影响并表现出来时家长才带孩子就诊，但往往已延误了诊断和治疗时机。分泌性中耳炎可造成儿童的听力损失，影响语言发育，家长应高度警惕，一旦发现需及时观察治疗。

温馨提示

那我们平时应该怎么注意预防分泌性中耳炎的发生呢？我们为各位家长们罗列了一些措施：

★掌握正确的擤鼻涕方法：以大拇指轻压一侧前鼻孔，轻轻地擤出对侧开放鼻腔内的鼻涕。

★预防感冒，增强机体抵抗力。

★避免接触烟雾等不良气体：我们应该避免在公共场所抽烟，为孩子们建立无烟环境。

★积极治疗感冒、鼻炎、扁桃体炎、咽喉炎和口腔内的炎症性疾病。

★预防和治疗过敏性疾病：避免接触过敏原和食用引发个体过敏的食物，如海鲜食品等。

★掌握正确的哺乳姿势：改变不良的哺乳习惯，哺乳时小儿不要平卧，头部要高一些，以防奶水经咽鼓管进入中耳而导致中耳炎的发生。

★避免不当挖耳：不当挖耳可能导致鼓膜穿孔而使细菌直接经外耳道进入中耳。

当然，引起听力下降的原因还有很多。因此，即使孩子没有说自己听力下降，家人一旦发现孩子漫不经心、行为改变、对正常对话反应差甚至无反应，在看电视或使用听力设备时总是将声音开得很大等异常现象，家长应尽早带孩子到正规医疗机构就诊，以免延误病情！

（王锐）

四六、宝宝鼻屎多，出气不畅，怎么办？

育儿过程中，很多宝爸宝妈都被宝宝的"鼻屎"给难住了，想给宝宝清理出来，可是又怕伤着宝宝，不夹出来又担心影响宝宝的呼吸，该怎么办呢？

实际上，宝宝的鼻腔并不是越干净越好。婴幼儿的鼻腔不像成人有鼻毛呵护，宝宝的鼻黏膜也比较柔嫩。假如家长经常给宝宝清理鼻腔，可能让鼻黏膜受到刺激，更加容易引起流鼻涕、发痒，鼻屎反而愈加多了。

尽管鼻屎看起来脏脏的，却能够保护宝宝的鼻腔，频频清理鼻屎会引起呼吸道感染。另外，宝宝的鼻腔黏膜薄弱，毛细血管也比较脆弱，一不小心还会导致鼻黏膜出血，而破的地方会结痂，结痂后又会发痒，宝宝会更不舒服，通气可能会更加受阻。所以提醒家长们一定要注意，宝宝的鼻子不能过度清洁。

其实，细心的家长可能发现了，宝宝鼻子里

的鼻屎，在宝宝哭闹、打喷嚏等时候可以自然排出鼻腔。如果鼻屎确实堵住了鼻腔，引起呼吸不通畅了，我们该怎么清理呢？

★家长可以选择热毛巾热敷鼻翼（但要注意温度，避免温度过高烫伤宝宝的皮肤），热敷5—10分钟以后，从上向下按压鼻翼能够促进鼻屎的自行排出。

★选择生理性盐水或等渗性海盐水滴入鼻腔，大约2—3滴，用于软化干硬的鼻腔分泌物（图1），接着将医用棉签轻柔地放在宝宝的鼻孔当中，由内向外轻轻旋转将鼻腔分泌物带出。

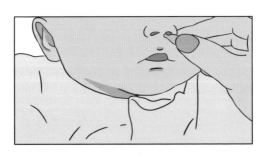

图1　软化鼻腔分泌物

★家长要注意宝宝生活的环境不能太干燥，冬天可使用加湿器（图2），保持40%—60%的空气湿度；环境温度适宜，冬天室温保持在 24—26℃，夏天开空调能够防止室温过高造成的宝宝皮肤干燥、体热上火等症状。

图 2　使用加湿器

宝爸宝妈注意了，若碰到下面的情况就要及时到正规医院就诊：

★宝宝的鼻屎太大、位置较深，这个时候家长不能自己盲目去掏，建议带宝宝到正规医疗机构，由专科医生处理。

★当宝宝不仅有鼻屎，还伴有流黏稠脓鼻涕，不排除鼻炎的可能时，也需要及时到医院就诊。

温馨提示

提醒家长们，鼻腔适度的"脏"对宝宝来说是有一定好处的，假如家长由于个人的"洁癖"，或看着不舒服而过度清洁，反而会损伤宝宝鼻腔局部微环境哦！

（王锐）

四七、孩子经常流鼻血，怎么回事？

据统计，30%以上3岁以下的小朋友都出现过鼻出血，超过50%的6—15岁儿童和青少年也曾经鼻出血过。而家长们的心态也出现了两极化表现，有的家长心急如焚，急匆匆地跑到医院；有的家长却很淡定，遇到小朋友鼻子出血，不重视、不在意，觉得就是"上火了"，自行在家观察几天就好了。事实上，孩子鼻出血的病情可重可轻，需要家长们重视，但是也不用过度焦虑。

我们来了解下孩子鼻出血的原因有哪些，简单来说可以分为局部病因和全身病因。

★局部病因：即来自鼻腔局部的原因，包括气候变化导致鼻腔干燥、喜欢反复抠鼻子、鼻外伤、长期鼻炎、鼻腔异物、鼻腔结构异常以及鼻肿瘤等。

★全身病因：包括挑食导致的维生素缺乏或营养不良、急性上呼吸道感染、血液系统疾病（比如白血病、再生障碍性贫血等）、内分泌紊乱（青春期时，生理期也可能会影响凝血功能）、药物（长期服用抗凝、抗血小板的药物）等。

如果发生了鼻出血（一般都是急性发作的），家长可以采用什么办法来止血呢？值得强调的是，很多家长选择用"卫生纸"填塞鼻腔止血，很明显，这种方式是不可取的。因为"卫生纸"其实并不卫生，很有可能对鼻腔黏膜造成二次损伤，从而加重鼻出血或造成感染；另外，"卫生纸"松软，根本压迫不了出血区域（图1）。

容易碰伤血管

压力不够

增加感染的风险

图1 用"卫生纸"填塞鼻腔止血弊端

鼻出血止血的正确方法是：

★让孩子头向前倾，用手指压住鼻翼，用口呼吸，保持不吞咽，同时可以冷敷前额或后颈，安抚孩子情绪（图2）。

★持续按压 10—15 分钟，这样做可以让绝大多数的鼻出血止住，因为 90% 的出血都来自鼻中隔前下部一个叫利特尔区（图3）的部位，这里有多条动脉在黏膜下构成网状动脉丛。

如果按以上操作止血失败或者出血剧烈，一定不要耽搁，请及时到正规医疗机构就诊哦！

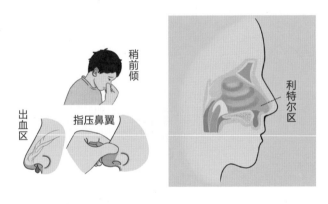

图 2　鼻出血止血方法　　　　图 3　利特尔区

平时家长们也要注意预防孩子鼻出血，比如培养良好习惯，避免挖鼻、抠鼻，引导孩子合理膳食，不挑食，多饮水，在空调房或暖气房里要保持适宜湿度，在易发生过敏的季节和空气污染严重的时候注意要戴口罩，等等。

　　总而言之，儿童鼻出血发生率较高，但大部分是一时性的出血，大多数可通过正确的压迫法止住，不用到医院。但对于出血频率高、出血量较大、出血不能自止的鼻出血，建议及时就诊。

（王锐）

四八、孩子 2 岁多了，晚上睡觉总是张着嘴巴呼吸，有影响吗？

日常生活中，很多细心的家长都发现自己的孩子睡觉有张口呼吸甚至打呼噜的习惯，以为这样是孩子睡得太香甜的缘故。其实，引起孩子睡眠时张口呼吸、打呼噜的原因有很多，而其中最常见的一个原因，就是"腺样体肥大"。对于"腺样体肥大"，可能有些家长并不陌生，近几年在网络上关于它的信息非常多。今天，我们就好好认识一下它。

首先，我们要知道什么是腺样体，腺样体是位于鼻腔后端的一团淋巴组织，出生后即存在，2—6 岁为增殖旺盛的时期，10 岁以后逐渐萎缩。它是人体的一个免疫器官，对我们有一定的保护作用。

其次，若在炎症反复刺激下，腺样体会发生病理性增生、体积增大引起相应的症状，称为腺样体肥大（图1）。腺样体肥大是 2—10 岁儿童的常见多发病，发病率高，约为 9.9%—29.9%。

正常腺样体　　　　肥大腺样体

图1　正常腺样体及腺样体肥大示意图

实际上，引起腺样体肥大的原因有很多：鼻咽炎及鼻窦炎的长期刺激、呼吸道感染、过敏性体质、慢性扁桃体炎、外界环境因素等。

患有病理性腺样体肥大的孩子局部症状（图2）可表现为：

★鼻部症状：鼻塞、流涕、睡眠打鼾、张口呼吸、变应性鼻炎、鼻窦炎等。

★耳部症状：耳闷、听力下降、耳鸣、分泌性中耳炎等。

★咽喉及气管症状：反复咳嗽咳痰、咽喉肿痛、声音嘶哑等，易并发慢性咽炎、慢性扁桃体炎。

★面部骨骼发育障碍："腺样体面容"即长期张口呼吸导致上颌骨变长、腭骨高拱、牙列不齐、上切牙突出、唇厚、缺乏表情等。

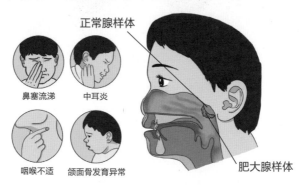

★全身症状表现为：慢性咳嗽、睡眠打鼾、儿童阻塞性睡眠呼吸暂停综合征（OSAS）。

正常腺样体

鼻塞流涕　中耳炎

咽喉不适　颌面骨发育异常

肥大腺样体

图2　病理性腺样体肥大局部症状

可见，腺样体肥大的孩子，其疾病表现是多种多样的。所以，如果家长发现孩子睡眠打鼾、张口呼吸，应该警惕"腺样体肥大"，最好到正规医疗机构就诊。医生会结合孩子的症状，通过电子鼻咽镜检查或鼻咽侧位片（X线）检查，进一步判断。

最后，建议家长们在日常生活中应特别注意小孩感冒情况，尤其是小孩在2—10岁期间需加强预防，尽量避免反复呼吸道感染对咽部淋巴组织刺激导致腺样体肥大。

（王锐）

四九、孩子吃东西噎住了，出不了气，
该怎么办？

对于每个家庭来说，孩子可谓是集万千宠爱于一身，什么好吃、好玩、好用的，都优先想到孩子。可是，家长们有想过咱们给孩子的食物，真的适合他/她的年龄吗？

下面我们就来讲讲耳鼻喉科常见的一种危急重症：**气管、支气管异物**。

气管、支气管异物是指外界物质误入气管、支气管内。气管是呼吸的通道，假如异物较大堵住气管，患儿可在几分钟内因窒息而死亡。该急症绝大多数发生于儿童，尤其是常发生于5岁以下儿童（约80%发生于儿童，3岁以下儿童占65%）。

它的病因是什么呢？咱们来看看。

★孩子牙齿没有发育完全，咀嚼功能差，不能完全嚼碎食物，特别是花生、瓜子、豆类等硬果壳类的食品，当孩子在玩耍、哭闹或嬉戏时，食物就容易被吸入气道造成小儿气管、支气管异物（图1）。

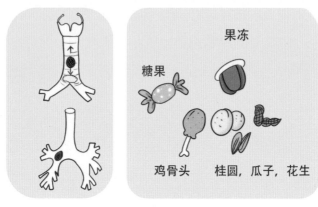

糖果

果冻

鸡骨头　　桂圆，瓜子，花生

图1　异物进入气道

★孩子有口含物品（如塑料笔帽、小橡皮盖等）的习惯，稍不注意就有可能把物品吸入气管，造成气管异物。

★孩子吃东西的时候，吃的食物例如果冻、螺蛳等，由于吸食过猛，食物也会被吸入气管造成小儿气管异物。

★重症或昏迷患儿，由于吞咽反射减弱或消失，偶有将呕吐物、血液、食物、牙齿等呛入气管的情况。

在临床上，孩子有明确的异物呛入病史时，根据症状将其分为四期。

1. 异物进入期

异物经声门进入气管、支气管时会立即引起剧烈咳嗽及憋气，甚至窒息，随异物深入症状可缓解。

2. 安静期

异物停留在气管或支气管内，一段时间可无症状或仅有轻微咳嗽及喘鸣，特别是异物较小停留在小支气管内时，可无任何症状，但活动异物可出现阵发性咳嗽。

3. 刺激与炎症期

异物刺激局部黏膜产生炎症反应并可合并细菌感染引起咳喘、痰多等症状。

4. 并发症期

有支气管炎和肺炎，引起肺不张、肺气肿等。

在日常生活中，如果孩子边吃边玩时，突然停止活动，开始哭闹并有阵发性高声呛咳、喘鸣以及口唇面色紫绀、呼吸困难等，家长们一定要立即处理，除了拨打急救电话以外，更应该熟练地使用海姆立克急救法，对孩子进行第一时间的抢救。

下面简单介绍海姆立克急救法，对于1岁以内的儿童可如下操作（图2）：

图2　1岁以内儿童海姆立克急救示意图

★屈膝跪坐地上。

★抱起宝宝，将宝宝的脸朝下，使其身体倚靠在大人膝盖上。

★以单手用力拍宝宝两肩胛骨间背5次，大约每秒钟1次，再将婴儿翻正，在婴儿胸骨下半段，用食指及中指压胸5次，大约每秒钟1次。

★重复上述动作，以压力帮助宝宝咳出堵塞气管的异物，一直到东西吐出来为止。

对于1岁以上的儿童可如下操作（图3）：

★在孩子背后，双手放于孩子肚脐和胸骨间，一手握拳，另一手包住拳头。

★双臂用力收紧，拳心向内向上快速用力地挤压孩子的腹部。

★持续几次挤按，直到气管阻塞解除。

★切忌站着使劲拍孩子后背，可能把异物震到气道更深处。

在急救时一定要注意控制好合适的力度，避免对孩子造成其他身体损伤。同时，向身边的人求救并拨打"120"急救电话。

图3　1岁以上儿童海姆立克急救示意图

通过对气管异物的了解，希望对家长们有所帮助，也再次提醒各位家长要时刻关注自己家的小孩，不要让一时的疏忽酿成无法弥补的遗憾。

（王锐）

五〇、孩子一到春天就鼻痒、打喷嚏、流清鼻涕，还喜欢揉眼睛，怎么回事？

很多家长或多或少面临这样的问题，通过网络等途径也大概了解到孩子一到春天就鼻痒、打喷嚏跟"过敏"有关。今天，我们就来谈谈"儿童过敏性鼻炎"。

儿童过敏性鼻炎，也称儿童变应性鼻炎，是常见的过敏性疾病之一，主要由免疫球蛋白 E (lgE) 介导的鼻黏膜非感染性慢性炎症。其已经成为儿童主要的呼吸道慢性炎性疾病，在我国，儿童过敏性鼻炎的发病率高达 7.38%—28.5%，且逐年增高，主要发病机制是抗原引起相关炎症介质释放和炎症细胞聚集，进而引发一系列症状。大多数抗原为吸入性抗原，以尘螨和花粉最常见。在临床上，可根据过敏原种类分类：

1. 季节性变应性鼻炎

症状发作呈季节性，常见的致敏原包括花粉、真菌等季节性吸入物过敏原（图1）。花粉过敏引起的季节性过敏性鼻炎也称花粉症，不同地区的季节性过敏原暴露时间受地理环境和气候条件等因素影响。春季花粉传播，这也是问题中提及"春天到了，孩子出现症状"的原因。

室尘
真菌
花粉
尘螨
蟑螂

图1　变应性鼻炎

2.常年性变应性鼻炎

症状发作呈常年性，常见致敏原包括尘螨、蟑螂、动物皮屑等室内常年吸入性过敏原，以及某些职业性过敏原。

综上，过敏性鼻炎的发生与遗传和环境因素有关。患儿具有过敏体质，若有家族史，在接触过敏原后即可发病。儿童过敏性鼻炎的典型四大症状为：**喷嚏、清水样涕、鼻痒和鼻塞**。（图2）

★婴幼儿可见鼻塞，伴随张口呼吸、打鼾、喘息、喂养困难、揉鼻揉眼。

★学龄前期以鼻塞为主，伴眼部症状和咳嗽。

★学龄期以清水样涕为主，伴眼部症状和鼻出血。

对于"过敏性鼻炎"，家长一定要重视，因为它除了鼻部症状还会导致多种并发症，如支气管哮喘、中耳炎、鼻窦炎等。如果孩子出现经常鼻子痒、打喷嚏、流清鼻涕，还喜欢揉眼睛，一定要及时就诊，通过正规医疗机构规范对症治疗。

图2　过敏性鼻炎

温馨提示

明确过敏原，非常必要。在了解孩子的过敏原后，避免接触是预防过敏性鼻炎的重要举措。那么，日常生活中有哪些预防和保健措施呢？我们也为各位家长整理了一些注意事项：

★消除室内尘螨：每周用热水洗涤床上用品，并用热烘干器烘干或在阳光下晾晒使其干燥。

★少用填充或毛绒玩具、地毯。

★不建议饲养宠物，已有的宠物一定要安置在屋外或卧室以外，并经常给宠物洗澡。

★不在室内吸烟，带孩子远离有烟尘的环境。

★花粉多的季节少出门，尤其是有风的时候，要特别减少甚至避免孩子户外活动。

★平时少食用冰凉食品或较寒性食物，如冷饮、冰激凌、可乐、冰凉水果、苦瓜、大白菜等。

★空调环境内时间不宜过长，电扇不宜直吹。

★定期注射流感疫苗。

（王锐）

五一、孩子感冒都好了，鼻子还是堵，该怎么办呢？

"孩子感冒都好了，鼻子还是堵"，相信这是很多家长都遇到过的问题。这种情况，有可能是各位家长把"感冒"和"鼻炎"混淆了。

下面，我们就一起来区分一下感冒和鼻炎。

1. 感冒

感冒俗称伤风，是由病毒或细菌引起的上呼吸道感染性炎症，具有传染性，常发生在季节交替之际和冬春季。感冒发病比较急，早期表现为打喷嚏、鼻塞、流清水样鼻涕、咽痛等症状，后期鼻涕会有黄脓，一般持续时间为 7—10 天。

2. 鼻炎

儿童鼻炎可以分三类情况。

★第一类是由过敏原引发的过敏性鼻炎，通常为机体接触变应原后产生免疫球蛋白 E (IgE) 介导的 I 型变态反应。持续时间较长，常有清水样涕、鼻痒、喷嚏、鼻塞等症状，同时可伴有眼痒、结膜充血等眼部症状。

★第二类是急性感染性鼻炎，即由病毒感染引起的鼻黏膜急性炎症性疾病，在儿童中十分常见，是上呼吸道感染最常见的类型。早期主要表现为鼻、咽部卡他症状，伴有喷嚏、鼻塞、流清水样鼻涕、咽痛等症状。

★第三类是以上两种类型的混合型，患儿既有过敏也有感染，这种情况目前比较多见，在临床上占60%—70%。

部分家长觉得孩子感冒好了，就可以不管鼻子的症状了，等鼻炎自己慢慢好。这样的观念是错误的，因为儿童鼻炎发作引发的鼻塞有可能会引起睡眠呼吸暂停低通气综合征，导致大脑缺氧，对儿童的智力、记忆力、生长发育等都有不同程度的影响。如果进展为鼻窦炎，还可能会导致颅内感染以及五官科的感染，因此及时就医十分重要。

值得一提的是，感冒期间易引起儿童急性感染性鼻炎，所以家长要将感冒和过敏性鼻炎（即变应性鼻炎）作区分。为了方便家长们简单区分，根据临床经验，我们将变应性鼻炎和感冒的区别做了一个表格（表1）。

变应性鼻炎与感冒的区别		
症状	变应性鼻炎	感冒
鼻痒	明显	不明显
喷嚏	阵发性，一连打几个甚至几十个；清晨及过敏性刺激后会打。	任何时间都可以打，但并不持续。
流涕	呈清水样，持续很久。伴随外界刺激，同时会有打喷嚏、鼻痒、鼻塞等现象。	不典型，清水样涕会在3—4天后转为脓涕。
鼻塞	鼻塞不严重，程度与外界刺激有关。	由病毒引起，鼻塞比较严重，鼻腔黏膜组织迅速水肿。

表1　变应性鼻炎和感冒的区别

温馨提示

相信到这里，家长们对"感冒"和"鼻炎"都有所了解了。那么，怎样在日常生活中预防过敏性鼻炎呢？我们也为家长们整理了一些方法：

★保持室内空气流通避免空气污染和积尘，可以减少感冒、鼻炎的发生概率。

★通过定期清洁家居环境，包括地面、窗户、窗帘、床上用品等，可以减少室内的灰尘和细菌水平，降低过敏性鼻炎的发生概率。

★饮食方面应当做到清淡，避免食用辛辣、刺激性、油腻食物，多吃新鲜蔬菜和水果，增强身体免疫力。

★适当的运动可以帮助孩子增强身体免疫力，预防感冒、鼻炎的发生。

★在呼吸道感染多发季节，家长也要尽量少带幼儿去公共场所以免被感染。

★有过敏性鼻炎的患儿，日常要避免接触过敏原，如花粉、灰尘、宠物毛发等。

★及时发现、治疗鼻炎能防止病情的恶化。

（王锐）

五二、偶然发现孩子鼻子里面有个
小肉球，这是什么情况？

很多家长偶然间会发现这样的情况：孩子鼻子里面有个小肉球。在解答之前，我们想先给家长们简单地介绍一下鼻腔的骨性结构。

要知道，鼻腔可不是一个简单的空腔，它里面具有相当复杂的结构。其中有三组结构统称为"鼻甲"（图1）。

图1　鼻甲

鼻甲是鼻腔外侧壁的重要结构，鼻腔外侧壁有突出于鼻腔中的三个骨质鼻甲，呈梯形排列，分别为上鼻甲、中鼻甲、下鼻甲，骨质外被覆鼻腔黏膜。各鼻甲游离缘与鼻中隔之间的共同狭长腔隙称总鼻道，是呼吸气体经过鼻腔出入下呼吸道的通道。

问题中提到的"小肉球"，应该是左右鼻腔都可以看见，它就是鼻腔的"下鼻甲"。"下鼻甲"是正常的结构，但如果发现它明显肿大或充血或苍白，这个时候家长们就得引起重视了，很有可能是"鼻甲肥大"这一疾病引起的。

鼻甲肥大是由于鼻黏膜长期受到炎症刺激而引起组织充血水肿、增生肥厚或息肉样变所致。它的主要临床表现为：

★持续性鼻塞、流涕、嗅觉减弱，鼻涕稠厚且多呈黏液性或黏脓性。

★当肥大的中鼻甲压迫鼻中隔时，还会出现不定期发作性额部疼痛。

★如肥大的下鼻甲前后端影响鼻泪管及咽鼓管口的功能，可致溢泪、耳鸣及听力障碍。

★鼻甲肥大诱发的鼻塞症状会导致呼吸不畅，影响嗅觉，甚至可能造成呼吸障碍；长期鼻塞会影响咽鼓管通气和引流，导致耳鸣与听力减退。

★鼻塞导致的张口呼吸加上倒流鼻涕的刺激，

还会使咽喉部位出现干、痛、痒、有异物感等情况。

★对于鼻甲肥大的儿童来说，一直张口呼吸可能会导致牙齿外长、硬腭发育又高又窄、颌面发育不良、嘴唇变厚等。

如果您发现孩子鼻腔里"小肉球"肿大，而孩子又伴有持续性鼻塞、流黏稠鼻涕、嗅觉减弱等症状，应该及时到正规医疗机构就诊。

温馨提示

我们为各位家长整理了几点预防鼻炎的知识：

★对于有慢性鼻炎、过敏性鼻炎与鼻中隔偏曲的患儿，应及时就诊，积极治疗原发病，以免进一步导致鼻甲肥大。

★积极预防感冒及上呼吸道感染，避免长期持续性的感冒诱发慢性鼻炎，避免慢性炎症刺激鼻甲。

★帮助孩子戒除随意挖鼻的不良习惯，鼻塞时不可强行擤鼻。

★避免在有刺激性气体或者尘土的环境下生活，必要时做好个人防护，如戴口罩等。

（王锐）

五三、孩子得了急性鼻炎，医生让在 家洗鼻子，该怎么洗呢？

很多家长都遇到过这样的情景：孩子被诊断为"鼻炎"（感染性或变应性），咱们的耳鼻咽喉科或儿科医生可能会给孩子开具生理性盐水／海盐水冲洗鼻腔。那这些盐水的作用是什么？又该怎样正确使用它们呢？

总结起来，生理性盐水／海盐水洗鼻的作用主要有三点：

★把鼻腔内过多的分泌物和过敏原从鼻腔清洗出去，在使用主要治疗药物之前冲洗鼻腔，也能够更好地发挥药物的作用。

★保持鼻腔湿润。

★促进鼻黏膜内纤毛摆动，加速黏液和炎性物质的清除，以减轻黏膜水肿。

在使用前，咱们还要了解一些相关事项：

1. 鼻喷生理性盐水／海盐水适用年龄

从宝宝出生开始，就可以使用生理性盐水／海盐水。需要注意的是，成人的喷瓶装置喷量更多、喷力更大；儿童的比较温和和量少，需要选择儿童装喷瓶。婴儿和新生儿鼻黏膜极其柔嫩，需要更加注意装置的选择和使用方法，选择合适的使用时机。

如果滴生理性盐水／海盐水已经可以协助宝宝保持鼻腔通畅、湿润，就不要过多地喷洗以免刺激、损伤鼻黏膜。

2. 生理性盐水／海盐水浓度的选择

我们常用的生理性盐水是浓度为 0.9% 的氯化钠，它被认为是既符合鼻黏膜生理要求，又不会对黏膜产生刺激的最佳冲洗液。近来有研究表明 3% 左右的高渗盐水更有利于鼻内纤毛的运动，高渗盐水还有轻微脱水的作用，更有利于缓解鼻塞、减轻鼻黏膜的水肿等症状。

3. 生理性盐水／海盐水品牌的选择

应该选择正规厂家的合格产品，儿童装通常装置顺手好用，没有必要一定选择贵的和进口的产品。

4. 生理性盐水／海盐水每天使用次数

使用的前提是"按需"，分泌物多、症状明显时，根据症状增加使用频次；如果出现症状减轻、分泌物减少则减少使用次数，每天0—5次都是合理的范围（图1）。

将宝宝面部朝上躺床上让宝宝轻轻转过来

用自己前臂轻轻压住宝宝的双臂

将喷头轻轻插入宝宝鼻孔垂直喷鼻

轻轻按压喷雾，等待液体流入鼻腔，待鼻涕流出后换另一侧鼻腔

用一次性纸巾清理鼻涕

用清水或肥皂水清洗喷头

图1　婴幼儿洗鼻流程

　　我们来讲讲正确的使用方法：

　　★让宝宝平躺，将头部朝向一侧。

　　★将喷嘴轻柔插入上方鼻孔，轻压喷嘴，出水1—2次后撤出喷嘴，等待几秒钟，然后将宝宝头部转向另一侧重复清洗动作。

　　★将宝宝抱起，并用干净的纸巾轻轻擦拭鼻腔。

　　★对于不能很好配合喷雾器使用的更小的宝宝，家长可以选择生理性盐水或等渗性海盐水，将其滴入宝宝的鼻腔大约2—3滴，用棉签浸透盐水后再轻柔地清理鼻腔。

　　对于年龄较大的孩子，多采用坐位，家长用右/左手拇指托在瓶底，食指和中指分别放在喷头的两侧，夹住喷头（图2）。孩子身体竖直，头微微前倾，方便冲洗之后的喷洗液流出。左手喷右鼻，右手喷左鼻，自然倾斜，喷头的方向对准喷洗鼻孔同侧的眼睛内眦（内侧眼角）。

　　这个方向是鼻甲的方向，能够进行充分的冲洗，同时完美地避开了鼻中隔。这里会有家长问为什么要避免对着鼻中隔喷呢？因为鼻中隔黏膜相对

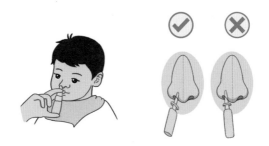

图2 年龄较大孩子的洗鼻示意图

比较娇嫩脆弱，对着鼻中隔喷，喷嘴很容易一不小心造成鼻中隔黏膜的机械性损伤，可能会导致鼻出血。喷完之后，等待数秒，可以让孩子拿纸巾按住一侧鼻孔，擤另一边的喷洗液和分泌物，也就是单侧交替擤鼻。

温馨提示

家长在协助孩子使用鼻喷生理盐水的时候，一定要做到温柔操作和有效安抚。

总而言之，无论是生理性盐水／海盐水鼻腔冲洗还是鼻腔喷雾，都只是辅助治疗手段，对于是否需要其他药物治疗，还是得听从专业医生的指导！

（王锐）

五四、孩子反复咳嗽，儿科医生
为什么建议看耳鼻咽喉科？

在门诊经常会看到反复咳嗽的孩子，家长往往已经带着孩子几经周折去过了很多儿科就诊，查血、胸片或 CT 等均无异常且经儿科常规治疗，也吃过了很多药，但是孩子的咳嗽还是反反复复不见好转。这个时候，有经验的儿科医生会建议家长带去耳鼻咽喉科看看，这到底是为什么呢？

今天我们就来谈谈，孩子反复咳嗽需要警惕的三类耳鼻咽喉疾病。

1. 过敏性鼻炎

过敏性鼻炎是机体接触变应原后产生免疫球蛋白 E (IgE) 介导的 I 型变态反应。患儿时常在咳嗽的同时伴有鼻塞、鼻痒、喷嚏、流清鼻涕等症状，咳嗽在晚上睡觉或早晨起床时明显加重。同时，儿童过敏性鼻炎还是诱发哮喘的危险因素。

2. 上气道咳嗽综合征

上气道咳嗽综合征是一组疾病的总称，可以

指各种鼻炎、鼻窦炎、慢性咽炎、扁桃体或腺样体肥大、鼻息肉等上气道疾病。上呼吸道的任何一个部位或多部位同时存在的疾病，引起的以咳嗽为主的多种症状表现都可以称为"上气道咳嗽综合征"，也称为"鼻后滴漏综合征"（图1）。

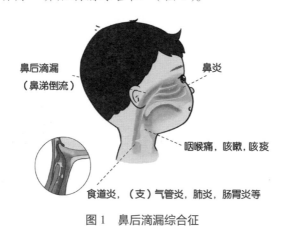

鼻后滴漏
（鼻涕倒流）

鼻炎

咽喉痛，咳嗽，咳痰

食道炎，（支）气管炎，肺炎，肠胃炎等

图1 鼻后滴漏综合征

由于患儿有鼻炎或者鼻窦炎，鼻腔中的分泌物一部分从后鼻孔流入口腔、鼻咽，这些逆流的分泌物刺激咽部出现咳嗽、咳痰症状。"上气道咳嗽综合征"的患儿除咳嗽、咳痰等常见症状以外，还可表现为鼻塞、鼻腔分泌物增加、频繁清嗓、咽后黏液附着及鼻后滴流感。患儿的咳嗽往往以早晨为重，特别是早晨来就诊的孩子，医生在检查时常见其鼻咽部挂着大量脓涕。

3. 慢性扁桃体炎

慢性扁桃体炎多由急性扁桃体炎反复发作或因腭扁桃体隐窝引流不畅，窝内细菌、病毒滋生感染而演变成慢性炎症（图2）。患儿会有咽部发干、发痒、异物感及刺激性咳嗽等症状，特别是由链球菌感染引起的咳嗽，更为严重。慢性扁桃体炎的治疗是长期的，患儿应保持口腔清洁，每天睡前刷牙、饭后漱口，以减少口腔内细菌感染。

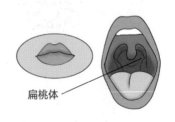

扁桃体

图2　慢性扁桃体炎

讲到这里，家长们应该有所了解了，孩子反复咳嗽不一定都是支气管炎、肺炎等问题，在儿科治疗无效的患儿，应积极检查是否有耳鼻咽喉方面的疾病，以便及时给予干预治疗。

（王锐）

五五、出生 10 天的宝宝呼吸时喉咙 "呼噜呼噜"地响，是有痰吗？

在门诊经常碰见家长会来询问：宝宝睡觉、喝奶时，喉咙里听着有呼噜呼噜的声音，感觉呼吸不通畅似的，这样要不要紧？是喉咙有痰吗？有没有什么影响？

下面，我们就一起来看看为什么宝宝会发出"呼噜呼噜"的声音。

1. 口水或奶液太多导致的呼噜声

宝宝 3 月龄之前，口水较少，很少因为口水导致这种问题。但到了快出牙时，口水分泌量增多，问题就出现了。宝宝的口水除了流出来之外，大部分都会被咽下去。而吞咽不及时的口水会存留在口腔和咽喉部，呼吸时就会出现呼噜呼噜的声音。和口水太多相似的是奶液太多，就像成年人吃饭，吃几口才下咽，宝宝喝奶也是吸几口才下咽的。所以，如果宝宝喝奶喝得特别急，或者喝奶后马上就躺下了，口腔内积奶到达咽喉处就可能引起呼噜声。

处理这种情况的方法是别让宝宝喝太急，可以喝几口奶停一下再继续；喂完奶将宝宝竖起，轻拍背部几下，即可将喝奶时吸入的气体拍出，又能防止奶液积留于咽喉，从而减少睡眠中吐奶和打呼噜。

2. 胃食管反流导致的呼噜声

和成年人不同，宝宝的胃处于水平位，食管下括约肌力量不够，容易导致胃里的奶液反流到食管或者口腔。这种情况称为胃食管反流，在健康婴儿中是非常常见的。反流到口腔中的奶液可能在咽喉处存留，导致呼吸时出现呼噜呼噜的声音。

3月龄以下的宝宝，这种情况会多些，大月龄的宝宝比较少见。一般而言，这种反流对身体没什么影响，家长们可以通过饮食调理、调整体位进行护理，缓解宝宝反流的不舒服。

★**饮食调理**：平时每顿喂养不宜吃过多，可少量多餐，进食速度不宜过快。

★**调整体位**：喂完奶后将婴儿竖立抱起持续半小时以上，婴儿体位在平躺时采取前倾俯卧30°，对于改善婴儿胃食管反流有一定作用。

严重的胃食管反流，反流液中的胃酸会腐蚀咽喉部位，导致这些部位肿胀发炎，呼吸时出现呼噜呼噜的声音，严重的还有呼吸暂停等严重并发症。出现这种情况时，就需要及时去医院诊断治疗。

随着年龄增长，宝宝到18月龄时，这种情况基本都会消失。不用做什么特别治疗，等宝宝长大了，自己就好了。

3. 上呼吸道感染导致的呼噜声

当有鼻塞、鼻涕时，鼻腔变得狭窄，又有鼻涕附着其中，气体进出狭窄的鼻腔会发出呼噜呼噜的声音，同时气体冲击鼻涕也会产生呼噜呼噜的声音。这种情况导致的呼噜声不会持续太久，积极治疗后的宝宝就没有呼噜声了，对身体基本没什么影响。

4. 喉软化症导致的呼噜声

一部分宝宝在出生后2周左右，出现吸气时湿性的呼噜呼噜声，类似气体通过水管的声音，区别于喉咙"痰音"，有时声音还咯咯的，这种情况多是喉软化症。由于婴幼儿软骨内钙质沉着不足，呼吸时喉软骨会出现摆动而发出呼噜声，严重者会出现呛奶。喉软化症的主要表现是宝宝在喝奶、活动、睡眠时喉咙里有呼噜声，通常对身体没有影响，无须特别处理。随着宝宝长大，6—12个月内会自然好转，症状逐渐消失，到2岁左右就能自行恢复。但如果宝宝出现喂养、呼吸困难，或者有明确声门部结构异常，则需要及时就医治疗。

当然，引起宝宝喉咙里有呼噜声的原因还有许多，例如：宝宝患上急性喉炎，因为喉部声带肿胀，气体经过气管进入肺部困难所产生的声音。这都需要家长们细心观察，一旦发现除了呼噜声，宝宝还有呼吸困难、咳嗽、鼻塞、脓涕等症状，应该及时就诊，由专业的医生进行诊疗。

（王锐）

五六、孩子咳嗽起来像小狗叫，吸气时像公鸡打鸣，嗓子也哑了，该怎么办？

这个问题在儿童呼吸道疾病中并不少见，它是耳鼻咽喉科常见的急重症。请家长们一起来了解一下"小儿急性喉炎"。

小儿急性喉炎是以声门区为主的喉黏膜急性炎症，多好发于6月龄到3岁的婴幼儿，男女比例约为1.4：1。多在冬春季发病，起病急，常继发于上呼吸道感染，也可能是某些急性传染病的前驱症状或并发症。急重情况下，小儿急性喉炎可引起严重喉梗阻，危及患儿生命。

为什么小儿易得此病呢？我们把原因归纳为如下三点（图1）。

咳嗽功能弱

喉腔狭小，黏膜内血管丰富
黏膜下组织松驰，免疫力差

图1 小儿咽喉特点

★容易继发于上呼吸道感染如普通感冒、急性鼻炎、咽炎，也可继发于某些急性传染病如流行性感冒、麻疹、百日咳等。

★体质原因：小儿抵抗力较为低下，对感染的抵抗力及免疫力都不如成人，故炎症反应较重，就会使局部黏膜水肿较成人明显。有如下情况的儿童更易患此病，包括变应性体质（比如哮喘、反复荨麻疹等）、营养不良、牙齿拥挤重叠（容易滋生口腔细菌，免疫力降低时易诱发感染）等。

★小儿喉腔狭小，喉内黏膜松弛，喉软骨柔软，黏膜与黏膜下层附着松弛，喉黏膜下淋巴组织及腺体组织丰富，炎症时肿胀较重，容易使喉腔变窄。

★小儿咳嗽能力不强，不易排出喉部及下呼吸道分泌物，分泌物会加重阻塞。

小儿急性喉炎通常急性起病，临床主要表现为声音嘶哑、犬吠样咳嗽（咳嗽时发出"空、空、空"的声音，图2）。

★早期以喉痉挛为主，声音嘶哑多不明显，多表现为阵发性犬吠样咳嗽。

★随后因声门下区黏膜水肿的发展加重，还会出现吸气不畅并伴有喉鸣音。

★病情继续加重致喉梗阻时，会发生显著的吸入性呼吸困难现象。

图2　声音嘶哑和犬吠样咳嗽

因喉梗阻与缺氧，患儿常伴烦躁不安、拒绝饮食症状且病情在夜晚会更严重，有些孩子常因呼吸困难而憋醒或不能入睡，甚至出现面色发青、鼻翼扇动、三凹征（即吸气时锁骨上窝、胸骨上窝及上腹部显著凹陷）、出冷汗、脉搏加快等表现（图3）。此外，多数患儿有不同程度的发热，高热较少见，大多数为轻中度发热。

一旦家长发现孩子声音嘶哑，伴犬吠样咳嗽，千万别耽误！应该立即前往医院救治，如果不及时治疗，可能会有严重后果。

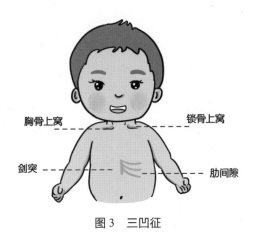

图3　三凹征

温馨提示

我们为各位家长准备了小儿喉炎的预防知识：

★平时加强户外活动，多见阳光，增强体质，提高抗病能力。

★注意气候变化，根据气温及时增减衣服，避免感寒受热。

★在感冒流行期间，尽量减少外出，以防感染。

★生活要有规律，饮食有节，起居有常，夜卧早起，避免着凉，避免在睡眠时吹对流风。

（王锐）

五七、孩子吃鱼时卡喉，喝醋有用吗？

鱼肉鲜美且富有营养价值，是很多家长为孩子选择食物的优先考虑。但鱼肉虽好，鱼刺却很危险（图1）。在民间有一个流传很广的偏方，就是吃鱼的时候，不小心被鱼刺卡到喉咙，喝醋能软化鱼刺，从而使鱼刺更容易咽下去。这种做法真的可行吗？

首先，我们很认真且肯定地告知您：这种做法不仅错误，还很危险。这个建议的原理是鱼刺成分含钙，醋能与钙发生反应，因此鱼刺遇醋会软

图1　鱼刺卡喉

化直至溶解。这样看来似乎没问题，但实际上，我们日常食用的醋，其有效成分是醋酸，化学名称叫乙酸，一般一瓶食用醋的乙酸含量为4%—6%，含量

很低。实验证明，即使将鱼刺放在食醋中浸泡两天后取出，鱼刺仍然是坚硬的；更何况喝醋之后，醋液在喉咙中停留的时间仅仅是几秒钟，更谈不上软化鱼刺了。而醋中所含的醋酸可能会使幼儿软嫩的食管黏膜灼伤，导致鱼刺扎伤的部位伤情更重，疼痛加深，甚至会引发急性喉水肿。因此，喝醋除鱼刺不仅没效果，而且还可能伤害喉黏膜。

有些家长会问："喝醋没用，我们吃馒头、咽饭团吞鱼刺，靠谱吗？"

当然，一些细软的小鱼刺可能被馒头等食物带进胃内，但比较坚硬的大鱼刺很可能会因为遇到"食物"而越扎越深，更严重者甚至会刺破食管和大血管，增加食道穿孔的发生风险，危险系数较高。况且，就算鱼刺被馒头、饭团等食物带到了胃中，也有可能不能被胃酸消灭，有些特殊且非常坚硬的鱼刺甚至有可能战胜胃酸，继续威胁身体。家长可不能抱着试试的心态让孩子尝试哦！

那被鱼刺卡喉应该怎么做呢？

★首先，家长们不要惊慌失措，这个时候需要您保持冷静镇定，安抚住孩子情绪，让其立即停止进食，避免鱼刺被吸入喉腔或食管引发危险。

★帮助孩子低头大弯腰使劲咳嗽，刺入软组织不深的鱼刺，很可能会被咳出。

★需要尤为注意的是，一旦鱼刺卡在喉咙的位置较深，切勿盲目相信和使用不科学的偏方，以免耽误孩子的最佳治疗时间，应该及时带孩子到医院，让医生用专业仪器来取出鱼刺，把危险降到最低。

温馨提示

我们建议：

★吃鱼时要专注，家长尽量不要和孩子说笑聊天。说话、大笑的过程本身就会导致食道出现一定的震动，如果此时恰好吞下一根鱼刺，很可能会因此卡住。

★选鱼时可以尽量选择那些没有小刺的鱼，比如三文鱼、龙利鱼、鲈鱼、石斑鱼等，也可以选择纯天然鱼肉丸，品尝美味且能降低危险系数。

★吃鱼时可以尽量选择鱼刺较少的鱼腹部。

（王锐）

五八、宝宝受凉以后不吃饭，一直哭，怎么回事？

宝宝不吃饭和吞咽异常有关系吗？答案是有关系的。如果宝宝吞咽时咽喉不适，甚至疼痛，自然就会出现拒食；而咽痛明显，宝宝首选的表达方式就是哭泣了。

那到底是什么原因导致的呢？下面我们就来聊聊"小儿咽炎"（图1）。

小儿咽炎有急性咽炎和慢性咽炎之分。小儿咽炎多为急性咽炎，常继发于急性鼻炎或急性扁桃体炎，为上呼吸道感染的一部分，亦常为全身疾病的局部表现或急性传染病的前驱症状。当小儿全身或局部抵抗力下降，病原微生物乘虚而入，继而引发急性咽炎；营养不良以及经常

图1　小儿咽炎

接触高温、粉尘、有害刺激气体，也容易引起慢性咽炎。

如果宝宝受凉以后拒绝进食、不停哭闹，甚至伴有发热等其他症状，应该警惕"小儿急性咽炎"并及时到正规医疗机构就诊。

温馨提示

那平时有什么预防措施呢？

★及时合理地治疗急性鼻炎及呼吸道疾患。

★早晨、饭后及睡前漱口、刷牙，保持口腔清洁。

★根据气候变化及时增减衣服，避免免疫力降低而上呼吸道感染。

★饮食尽量营养均衡，避免辛辣等刺激性食物。

★感冒流行期间，尽量避免带孩子出入公共场所。

（王锐）

五九、孩子每年都要出现几次 "扁桃体炎"，怎么办呢？

反复的"扁桃体炎"让孩子受罪，也让家长身心俱疲。甚至有家长说"把扁桃体切除了，一劳永逸"，这种做法到底对不对呢？

我们首先来认识一下"扁桃体"，扁桃体是位于鼻咽、口咽部位的淋巴组织团块（图1）。根据位置分为腭扁桃体、咽扁桃体和舌扁桃体。其中以腭扁桃体最大，通常我们所说的扁桃体就是腭扁桃体。它位于咽峡的侧壁，腭舌弓和腭咽弓之间，呈扁卵圆形。扁桃体是人体免疫系统的一部分，产生淋巴细胞和抗体，具有抗细菌和抗病毒的防御功能。

腭扁桃体在宝宝1岁末开始逐渐增大，4—10岁发育达高峰，14—15岁时逐渐退

图1 扁桃体示意图

化，所以儿童"扁桃体发炎"比成人更为多见。一般起病急，以咽痛为主要症状，并伴有畏寒、发热、头痛等症状。

据统计，90%以上扁桃体炎是病毒感染引起的，而细菌感染引起的扁桃体炎比病毒感染的局部症状常要重一些，细菌感染导致的扁桃体炎如果没有得到及时控制，易并发扁桃体周围脓肿、咽后壁脓肿、支气管炎、肺炎等合并症。家长切勿自行盲目用药，医生会根据小儿扁桃体炎的具体问题具体对待，根据病原体进行对应治疗。

说到这里，会有家长问："反复炎症是不是可以切除扁桃体？"

扁桃体虽然看起来小小的，但是当身体对抗感染性疾病的时候，它的"小身体"里能够产生抗体，帮助人体过滤病原体；扁桃体还能产生促进免疫力的有益物质。但若扁桃体总是发炎，形成"病灶"，则对人体有害而无益了。对于儿童来说，切除扁桃体必须严格把控指征，只有炎症呈不可逆性病变且对整体器官组织造成病灶性感染的扁桃体，才应考虑切除。考虑切除的具体情况如下：

★扁桃体炎一年内发作 7 次以上，两年内每年发作 5 次或三年内每年发作 3 次以上。

★扁桃体肿大引起上呼吸道阻塞并出现睡眠呼吸暂停。

★扁桃体周围脓肿且保守治疗无效。

★扁桃体慢性带菌成为病灶反复引起多种感染。

★双侧扁桃体大小差别很大（需要筛查恶性病可能）。

总之，需要医生结合孩子的具体病史和检查结果做出谨慎选择。当然，虽然扁桃体具有免疫功能，但切除后家长也不用担心，还有其他器官可以帮助孩子提高免疫力。况且，随着孩子的长大，免疫力也会逐渐增强的。

孩子的咽喉发炎较为普遍，除了积极治疗，还要注意预防，要养成良好的卫生习惯，增加户外锻炼以增强抵抗力，合理饮食以保证营养均衡。

（王锐）

VI 眼保健篇

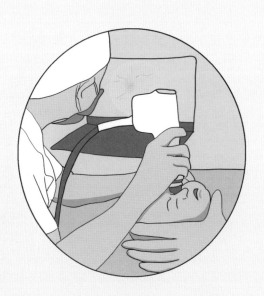

六〇、孩子最近总喜欢眨眼睛，用手揉眼睛，正常吗？

眼科门诊常遇到家长反映孩子总是眨眼睛、揉眼睛，那到底是什么原因导致的呢？根据临床统计，可能是以下几种情况造成的。

1. 用眼过度导致眼部疲劳

因为电子产品的普及，很多时候小朋友没有自制力，看电视、用手机时间比较长，眼睛眨眼的次数变少，会出现泪膜不稳定，导致眼部干涩、疲劳不适，表现为孩子出现反复眨眼、揉眼的现象。这种情况下，家长们需要给孩子养成良好的用眼习惯，不要长时间看电视或手机，每天适量进行户外活动，户外活动时间尽量不少于2小时，并定期监测视力。

2. 眼内异物

要是有微小的异物进入孩子的眼睛，同时异物停留在结膜表面，眼睛就会感到非常不舒服，自然就会频繁眨眼。所以，家长如果发现了这样的情况，最好马上把异物取出，不然会有可能造成角膜炎或结膜炎等眼病。如异物无法取出，最好带孩子去医院请医生取出异物，防止操作出现意外而伤眼。

3.眼部炎症

要是家长发现孩子除了一直眨眼睛，还伴有眼睛发红、发痒、分泌物增多、流泪等现象，那么说明是眼睛生病了。由炎症导致的眼睛不适，最好及时到医院眼科进行检查，在医生指导下进行抗炎、抗过敏治疗。家长平时还要叮嘱孩子勤洗手，注意保持眼部周围的干净卫生，防止感染。

4.其他眼部疾病

如干眼症、眼睑内翻、倒睫（图1）和多动症引起的眼睑抽动症（又称眼睑痉挛，图2）等，也会出现频繁眨眼的现象，需要鉴别；也不排除是小孩模仿他人，习惯成自然所致。

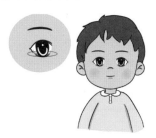

图1 倒睫

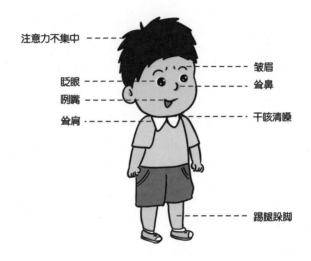

注意力不集中

皱眉

眨眼

耸鼻

咧嘴

耸肩

干咳清嗓

踢腿跺脚

图2　抽动症症状

最后，我们想告诉各位家长的是，孩子频繁眨眼原因很多，首先要做的是注意观察，如果是某些疾病造成的，那么一定要选择到正规医疗机构诊疗，切不可盲目用药或放任不管。

（王锐）

六一、娃娃多大可以看电视或使用 电子产品，能看或使用多久呢？

随着儿童保健的普及和电子产品的广泛使用，越来越多的家庭愈发重视孩子的视力问题。那么，到底孩子多大可以看电视或使用电子产品？一次又能看或使用多久呢？下面我们就来一一解答。

国家卫生健康委办公厅发布的《0—6岁儿童眼保健及视力检查服务规范（试行）》明确提出：建议婴儿期、幼儿期（3岁以前）禁用手机、电脑等视屏类电子产品；学龄前期（4—6岁）尽量避免接触和使用视屏类电子产品，每次使用不超20分钟，每天累计不超过1小时。此外，还有针对其他不同年龄段宝宝的护眼指导。

1. 婴儿（12月龄前）

★白天室内光线明亮、夜间睡眠时应关灯。

★日常养育照护注意保持眼部清洁卫生；保证充足睡眠和营养。

★应避免强光直射婴儿眼睛。

2. 幼儿（36 月龄前）

★保证充足睡眠和营养。

★至少每半年接受一次眼保健和视力检查。

★建议幼儿尽量以家长读绘本为主进行阅读，减少近距离用眼时长。

★户外活动每天不少于 2 小时。

★避开尖锐物，避免接触强酸、强碱等洗涤剂。

★经常洗手，不揉眼睛。

★家长不带患传染性眼病幼儿到人群聚集场所活动。

3. 学龄前期儿童（7 岁前）

★减少近距离用眼时间，做到保护视力三个"20"法则：20 分钟近距离用眼后远眺 20 英尺（约 6 米）外的景物 20 秒。

★增加户外活动时间，每天在室外活动 2 小时以上，"目"浴阳光。户外活动接触阳光，能增加眼内多巴胺释放，从而抑制眼轴变长。

★读写和握笔姿势做到三个"一"（图 1）：眼离书本一尺、胸部离桌一拳、手指尖离笔尖一寸。

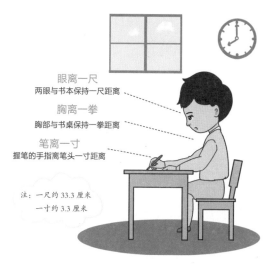

眼离一尺
两眼与书本保持一尺距离

胸离一拳
胸部与书桌保持一拳距离

笔离一寸
握笔的手指离笔头一寸距离

注：一尺约33.3厘米
一寸约3.3厘米

图1 读写、握笔姿势三个"一"

★均衡营养，不挑食不偏食，多吃水果蔬菜和富含维生素的食物，少吃甜食和零食。

★养成良好的睡眠习惯，睡眠时间充足。

温馨提示

我们建议家长们一旦发现儿童有看远处物体模糊、眯眼、频繁揉眼等异常现象，要到正规医疗机构进行医学验光，并遵医嘱正确矫正。

（王锐）

六二、宝宝早产了，为什么医生
　　要检查眼底？

眼部疾病不只是大孩子或成年人才会出现的，对于新生宝宝来说，也有可能发生眼部问题。由于宝宝不会表达，表面难以观察出异样，往往容易被忽略。世界卫生组织的统计数据表明，在发展中国家约有 100 万盲童，占全世界盲童的 2/3，其中30%—72% 是可以避免的。

而新生儿眼底筛查则是早期发现视力障碍最有效的方法。我们应了解为什么要做眼底筛查？

由于宝宝视网膜内血管还没有发育完善，在内外环境等各种因素的影响下，未成熟的视网膜会有异常的新生血管形成（图1）。这种异常的新生血管会形成伴有纤维组织的增殖，严重时可能会把周边视网膜拉向眼球中心，引起视网膜脱落。轻者可能只是血管异常，重者可能会出现视网膜脱落，导致失明、继发性青光眼、眼球萎缩等严重后果。视网膜病变早期，宝宝眼睛外观上不会有明显变化，导致家长不易察觉到宝宝的眼部异常。所以医生评估后需要做眼底检查的宝宝，家长们可不能忽视！

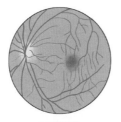

正常眼底　　　　　早产儿视网膜病变

图1　正常眼底和早产儿眼底

那么，到底哪些宝宝需要做眼底筛查呢？在临床上对高危因素做了分类：

★出生体重＜2000g的低出生体重儿，或出生孕周小于32周的早产儿。

★曾在新生儿重症监护病房住院超过7天，并有连续高浓度吸氧史。

★有遗传性眼病家族史或家庭存在眼病相关综合征，包括近视家族史、先天性白内障、先天性青光眼、先天性小眼球、眼球震颤、视网膜母细胞瘤等。

★母亲孕期有巨细胞病毒、风疹病毒、疱疹病毒、梅毒或弓形体等引起的宫内感染。

★颅面部畸形，大面积颜面血管瘤，或哭闹时眼球外凸。

★眼部持续流泪，有大量分泌物。

特别值得注意的是：我国早产儿视网膜病变发病率高达20%，每年早产儿视网膜病变者约5—10万人，一旦发展到晚期，致盲率几乎达100%！

当然会有家长问："眼底筛查痛苦吗？"实际上，眼底检查时（图2），宝宝会有一定程度的不适，若出现哭闹的情况家长也不必担心，检查并不会对孩子的眼睛和身体造成伤害。

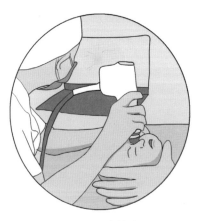

图2 眼底筛查

所以，对新生儿尤其是早产儿等具有高危因素的宝宝早期进行眼底筛查，可以尽早发现病变，进行及时治疗，阻止病变进一步发展。

（王锐）

六三、刚出生几周的宝宝总是眼泪
　　　汪汪、眼屎多，怎么回事？

许多细心的家长发现自己家宝宝才出生几周，但总是眼泪汪汪，眼屎特别多，甚至有时候眼屎会糊住眼睛。这到底是怎么回事呢？今天我们就来聊聊婴幼儿眼科常见疾病"鼻泪管堵塞"。

鼻泪管堵塞，在所有正常新生儿中发生率高达20%，并引起多达6%的1岁以内儿童出现症状。它是指鼻泪管下端鼻腔开口处被先天性膜组织所封闭。生后4周左右这一膜组织仍没有破裂，就可能发生新生儿泪囊炎。

新生儿泪囊炎又称先天性泪囊炎，属于细菌感染。泪道是泪液排出的通道，当鼻泪管闭锁时，会造成泪囊部细菌积聚，从而容易诱发感染导致炎症，发生新生儿泪囊炎。新生儿泪囊炎的症状主要表现为：患儿出生后不久眼部就出现溢泪，或者伴有脓性分泌物等现象，挤压泪囊区则会有黏液性或脓性分泌物从泪小点溢出（图1）。

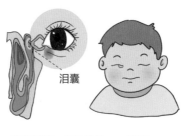

图1 新生儿泪囊炎

一般情况下，新生儿泪囊炎是无法自愈的。家长应及时带患儿就医，在医生的指导下进行治疗。对于轻症患儿，可采取保守治疗的方法，包括泪囊按摩（通常被称作"Crigler"按摩，图2）和观察。

图2 泪囊按摩

1.泪囊按摩方法

★朝泪囊适度施加向下的压力，按压2—3秒。

★每日进行2—3次该操作，直到症状消退。

★家长操作时需勤剪指甲并在泪囊按摩前洗手，同时需要配合抗生素眼药水。

2.手术治疗

对于比较严重的患儿，如果症状在6—10月龄时仍未消退，可能需要通过手术治疗，而最常用的手术方式是泪道探通术。

如果眼部脓性分泌物伴发红、肿胀等其他感染征象提示急性泪囊炎，建议到眼科就诊，需抗生素滴眼等治疗。由于急性泪囊炎可并发眶隔前或眼眶蜂窝织炎、脓毒症或脑膜炎，应及时就诊，必要时应用全身性抗生素治疗。

（王锐）

六四、宝宝看东西总是大小眼，
　　　怎么回事？

宝宝两只眼睛大小不一，这是怎么回事呢？下面我们一起来揭开真相。

宝宝大小眼的原因可分为生理性和病理性两种情况。

1. 生理性因素

生理性因素包括眼皮内双、遗传、产道挤压、睡姿不当、蚊虫叮咬等，这种情况通常不需要处理。

2. 病理性因素

病理性因素包括上睑下垂（ptosis），是指由先天发育异常或后天疾病导致的一类眼睑疾病，表现为一侧或双侧上眼睑低垂。眼皮耷拉着不仅影响外貌，上睑下垂根据轻重程度也会对视力、视功能造成不同程度的影响（图1）。轻者仅影响眼部外观；中度下垂患儿遮盖部分瞳孔，影响视野，但视力影响较小；而重者部分或全部遮盖瞳孔，会影响视觉发育。

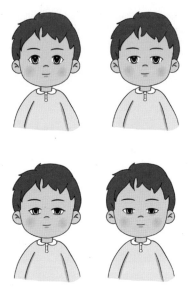

图1　上睑下垂的分度

孩子为了正常视物，会用颈部后仰、皱额提眉等方式进行纠正，长时间会形成特有的面容和体态，严重时可伴发弱视。对于上睑下垂可通过手术进行矫正，先天性上睑下垂患儿在3岁左右能够配合检查，此时为进行手术矫治的适宜时机。

如果发现伴有弱视，特别是单眼，则建议尽早手术，去除视觉剥夺因素，以免造成终生遗憾。

（王锐）

六五、儿保医生说孩子现在的远视
是正常的，这是怎么回事？

在我国，0—6岁儿童需常规进行眼保健。很多家长都会遇见这种情景，医生说："孩子目前屈光筛查是正常的远视状态。"这让家长产生了疑问，"远视"是正常的吗？要回答这个问题，我们一起来看看孩子视力发育的过程吧。

婴儿刚刚出生时是名副其实的"远视"眼。不同婴儿远视程度不一样，但是大部分新生儿远视储备集中在200—400度。宝宝出生以后眼球较小，眼睛的前后轴较短，眼睛所看到的景物是聚焦到视网膜的后方，有些类似远视眼的情况（图1）；不过孩子的这种"远视"是生理性的，随着孩子不断的

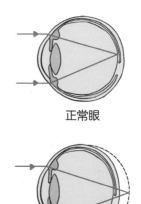

正常眼

远视眼

图1 正常眼和远视眼

生长发育和眼球成熟，会逐渐成为正视眼。

这种生理性的远视，被形象地称为"远视储备"，可以说远视储备是眼睛的一种保护因素，让我们没那么快近视。当然，远视储备量也不是越高越好，不同年龄段的孩子，其远视储备量都不同，整理如表（表1）。

年龄	远视储备值
3 岁以前	300 度及以上
4—5 岁	150—200 度
6—7 岁	100—150 度
8 岁	100 度
9 岁	75 度
10 岁	50 度
11 岁	25 度
12 岁	0 度（远视消失）

表 1 不同年龄段远视储备值

如果孩子远视储备量减少，达不到正常年龄应有的远视储备值，那么家长们就应该注意了，这是眼睛发出的一个"信号"，表示小孩有患上近视的可能。

长时间近距离用眼、过度使用电子产品、户外运动时间不足等习惯都会导致远视储备量被过度消耗。所以，培养良好用眼习惯，定期带孩子进行视力监测，判断眼球发育情况是非常必要的。

最后，我们总结一下：根据视力发育过程可以看到，绝大部分孩子是具备生理性远视的，如果检查屈光情况提示孩子的远视储备值正常，家长可以放下心来；但如果在所在年龄段的远视储备值不足，应该及时带孩子到眼科进一步检查。

（王锐）

六六、体检时发现孩子"散光"，
这是什么意思？

在日常生活中，我们经常看到很多孩子戴眼镜，以为是电子产品使用过多导致的近视，仔细一问才知道是眼睛散光了。而家长们一听孩子"散光"了，心里都比较着急。下面我们来聊聊"散光"。

散光是眼睛的一种屈光不正常表现，与角膜的弧度有关。当平行光线进入眼内后，不能聚集于一个点，也就不能形成清晰的物像，这种情况即散光。散光仅借助调节作用或移动目标到眼之间的距离并不能形成清晰的像，只有佩戴合适的柱镜片，才能在视网膜上形成清晰的像（图1）。在临床上，我们把散光分为规则散光和不规则散光，规则散光可以用镜片矫正，不规则散光则一般无法用镜片矫正。

散光的病因有哪些呢？目前散光发生的确切病因仍不明确，儿童散光多为先天性的，后天性的散光常为角膜疾病引起，例如圆锥角膜、角膜周边退行性病变或因角膜炎症后留下的瘢痕。此外，孩子出生时体重、户外活动时间和近距离用眼时间、平时的用眼习惯等也会影响散光的形成。

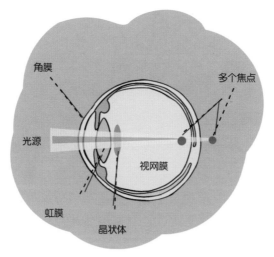

图1　散光示意图

散光的临床表现为视力下降，习惯性眯眼（以便看清物体），长时间视物后常伴头痛、头晕、眼酸胀，也有患儿出现恶心、欲吐。依据散光度数可以将散光分为低度散光、中度散光、重度散光及高度散光。

★低度散光（≤1.00D）占多数，通常不会导致视力低下。

★中度散光（1.00D—2.00D）导致视力轻度下降，但矫正视力可达正常，较少引起弱视。

★重度散光（2.00D—3.00D）以及高度散光（3.00D以上）可导致视力下降，并且大多数矫正视力低于0.9，极易导致弱视的发生。

最后，我们来看看散光如何矫正。对于散光度数较低，暂时不需要治疗的孩子，家长要注意增加孩子的户外活动时间、减少近距离用眼时间、少看平板电脑等电子产品，预防近视的形成。当散光度数较高时，孩子的视力发育大多会受到影响，通过戴眼镜或者手术可以对散光进行矫正，矫正后对眼睛无伤害且可改善因为散光造成的眼疲劳。

温馨提示

治愈与矫正是不一样的。前面已经讲过，大多数散光是先天性的，就是角膜发育不规则，在目前医疗条件下，没有哪一种办法可以改变眼睛本身的形态，因此，散光是不能被治愈的。

（王锐）

六七、体检时发现孩子的视力
只有0.6，是不是近视了？

对于这个问题，家长需要先了解一下孩子的视力发育过程。

每个年龄段，孩子视力发育的标准不一样，为了让大家更好地了解孩子视力的发展，我们把每个年龄段的孩子视力发育标准整理如表（表1）。

之前我们提到过，绝大部分儿童都是生理性远视，随着生长发育和眼球成熟，会逐渐成为正视眼（图1）。由此可见，每个年龄段视力是不同的，如果孩子的视力为0.6，应该对照他们的相应年龄段来进行判别。如果对照相应年龄段出现视力低下的情况，家长应该怎么办呢？

最有效的应对方法是到正规医院进行睫状肌麻痹后的验光，即散瞳验光，使睫状肌充分放松，去除调节痉挛，使得验光结果更可靠、客观，可更真实地反映出孩子的屈光状态（图2）。建议12岁以下，尤其是初次验光，或有远视、斜弱视和较大散光的孩子一定要进行散瞳验光；已经确诊为近视，需要配镜的孩子，一般也需要散瞳验光。

年龄	视力	发育特点
出生	光觉	视力极差，只有光感。
1 月	眼前手动	只能聚焦在眼前20—30厘米的东西。
2 月	0.01	眼睛会随徐徐移动的物体运动，开始出现保护性的眨眼反射。
3 月	0.01—0.02	视野已达180度。
4 月	0.02—0.05	开始手眼协调，能看自己的手，有时也能用手去摸所见物体。
6 月	0.04—0.08	双眼可较长时间注视一物体，手眼协调更为熟练。
8 月	0.1	有判断距离的能力，设定目标后会移动身体去拿取。
1—2 岁	0.2—0.3	视力与细微动作协调，可处理更小的物品，如用手指抓取食物。
3 岁	0.4—0.5	发展深度知觉，能区分远处及近处的东西。
4 岁	0.6	视力更敏锐，手眼协调更佳。
5 岁	0.8	喜欢翻阅图书，辨别图案的方向。
6 岁	1.0	与正常成人视力相同。

表1　儿童视力发育"里程碑"

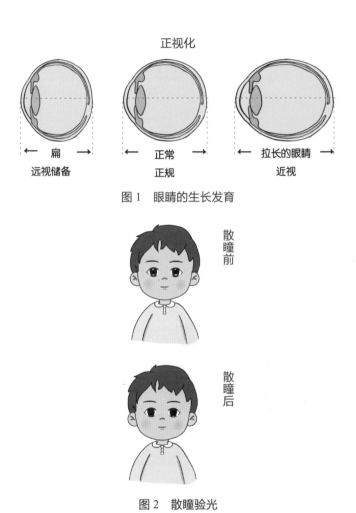

正视化

← 扁 →
远视储备

← 正常 →
正规

← 拉长的眼睛 →
近视

图 1 眼睛的生长发育

散瞳前

散瞳后

图 2 散瞳验光

（王锐）

六八、看到有的孩子戴眼镜且遮住
一只眼睛，这是什么情况？

生活中，戴眼镜的孩子越来越多且逐渐低龄化，其中有一部分孩子戴眼镜时还会遮住一只眼，这种情况是因为孩子存在弱视（图1）。下面我们一起来认识"儿童弱视"。

图1 弱视

弱视是指在视觉发育期内，由于单眼斜视、未矫正的屈光参差、高度屈光不正以及形觉剥夺等异常视觉经验引起的单眼或双眼最佳矫正视力低于相应年龄正常儿童，且眼部检查无器质性病变。不同年龄儿童视力的正常值下限不同，我国相关指南规定，3—5岁儿童视力的正常值下限为0.5，6岁及以上儿童视力的正常值下限为0.7。

据统计，目前儿童弱视的发病率已超过3％。弱视是一种严重危害儿童视功能的眼病，会导致视力永久性低下，即使日后配镜矫正也无法提高视力；如不及时治疗可能引起弱视加重，甚至失明。

引起弱视的原因有很多，例如斜视、远视和散光等造成的视力发育停滞。单眼斜视引起的弱视比较容易发现，但远视、散光或屈光参差等引起的弱视因无特殊的异常眼部表现而常常容易被忽视，需要通过定期筛查才能发现。

弱视的治疗是通过加强孩子患有弱视眼睛的使用，从而人为促进它的功能发育。那么弱视是否可以治愈？

目前，治疗弱视的有效率达到90%以上，治愈率也达到70%，但治愈率随年龄的增长而下降，最佳治疗期为3—6岁，6岁之后，治疗效果明显减弱。只要在儿童期及时发现，前往正规医疗机构获得正确的治疗，大部分患弱视的孩子都是能够治愈的。一旦错过了儿童视觉发育的可塑期，可能会造成孩子终身的视觉缺陷。

温馨提示

弱视的治疗不是一朝一夕的事，而是一个漫长的治疗过程，希望家长们要有足够的耐心和信心陪伴孩子一起战胜弱视。

（王锐）

六九、孩子查出"近视"并配戴眼镜，多久才能取掉眼镜？

据统计，目前小学生近视率为30%—50%，初中生近视率超过70%，大学生的近视率超过80%。面对越来越多的孩子在低年龄段查出近视并佩戴眼镜矫正，家长们有很多疑问，例如担心孩子一旦戴上眼镜就会产生依赖，因此让孩子用眼的时候戴眼镜，不用眼的时候就摘下，这样的做法对吗？近视眼镜需要戴多久呢？戴眼镜会使孩子度数加深吗？

实际上，孩子戴眼镜不仅是矫正视力的不足，让孩子们能够看得清楚，更重要的是通过佩戴眼镜避免用眼过度发生的眼疲劳，从而避免近视度数进一步加深。

如果孩子确诊为真性近视，即眼轴已经变长（图1），此时不戴眼镜或者佩戴了不适合的眼镜，或者因时戴时停而导致孩子看不清目标的时候，其就会使用眼睛本身进行调节，这种不稳定的调节反而会使得近视度数不断加深。另外，部分近视的儿童会通过眯眼来减少眼球表面屈光指数，从而达到看清物体的目的，这种过度调节或者眯眼习惯会加重眼睛睫状肌和眼外肌的疲劳，从而增加眼睛负担，因此有可能加重近视的度数。

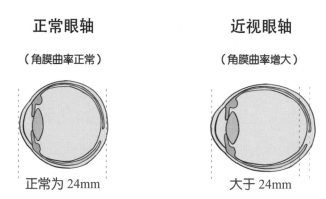

正常眼轴　　　　　　　**近视眼轴**

（角膜曲率正常）　　　　（角膜曲率增大）

正常为 24mm　　　　　　大于 24mm

图1　正常眼球和近视眼球对比示意图

当孩子确诊为真性近视时，就应该佩戴合适的近视眼镜加以矫正。辨别真假性近视最重要的手段就是散瞳验光，散瞳验光必须在专业的医疗机构进行并遵医嘱检查（图2）。

很多家长认为，等孩子长大后进行近视手术可以解决一切烦恼。其实，无论是儿童还是成年人，真性近视都是无法治愈的，因为目前没有任何医疗手段可以将已经变长的眼轴缩短。因此近视眼手术只是从外观上摘掉眼镜，近视依然存在。

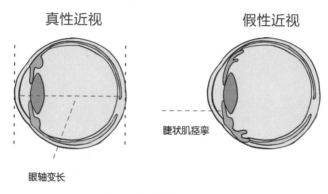

图2　真假性近视示意图

　　值得庆幸的是，随着医疗技术的发展，近视眼镜不再只是传统的框架眼镜。孩子可以选择优质的离焦眼镜或者角膜塑形镜，这可以很好地控制近视度数的快速增长，同时也不需要长时间佩戴。但无论是哪种矫正技术，平时还是要注意合理用眼，增加户外活动时间，均衡饮食，通过综合控制防止近视度数的增长。

（王锐）

VII 口腔保健篇

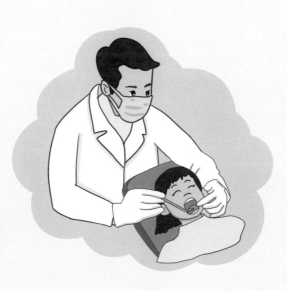

七〇、宝宝的牙应该怎么清洁？
从几岁开始刷牙呢？

宝宝出生后6—7个月才开始长乳牙，乳牙一般是先下后上、左右对称萌出；2.5—3岁左右全部萌出，一共有20颗乳牙；6—7岁开始换恒牙。乳牙会伴随一个人6—7年，乳牙的好坏也会影响恒牙，因此保护好乳牙至关重要。从新生儿时期开始，我们就应该对口腔做好清洁。

宝宝乳牙未萌出时，家长应清洁双手后用温开水浸湿已消毒的纱布（图1），清洁新生儿的口腔黏膜、牙龈，并清除舌部乳凝块。

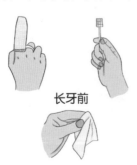

长牙前

图1 长乳牙前使用纱布消毒

在宝宝乳牙萌出以后，家长可以选用指套牙刷（图2），为其清洁口腔。

宝宝1岁以后，家长可以选用幼儿专用的儿童牙刷，以画圈的方式给宝宝刷牙（图3）。

当宝宝小于3岁，牙膏用量不超过米粒大小，并应减少吞咽；3—6岁，宝宝不再吞咽牙膏和漱口水时，牙膏用量可增加至豌豆大小的量；大于6岁，牙膏用量不超过1厘米（图4）。

图2　长牙后使用的清洁工具

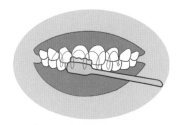

图3　画圈刷牙方式

图4　小于3岁、3—6岁、大于6岁不同年龄段的牙膏用量

（易思健）

七一、什么是牙齿"涂氟"？

可能一部分家长对于孩子牙齿"涂氟"已有耳闻，下面就聊一聊这具体是什么。

涂氟就是在牙齿容易患龋的唇颊面、咬合面用小毛刷涂抹含氟凝胶，其可以促进牙釉质矿化，使牙齿更耐酸，从而达到预防龋齿的目的（图1）。

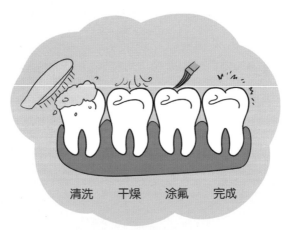

清洗　干燥　涂氟　完成

图1　牙齿"涂氟"

涂氟已经被世界各地广泛采用，安全性、有效性已得到验证，是一种成熟有效的预防龋齿的办法。在涂氟时，氟化物用量很少，约为 5 毫克，其遇到唾液会快速在牙齿的表面硬化，一般不会发生孩子误吞的情况。

牙齿涂氟后需要注意什么呢？

★涂完氟当天，孩子可以正常喝水，但是不要吃太硬的食物，也不要吃黏性大或者太热的食物，以及不要嚼口香糖。

★家长宜每 3—6 个月带孩子去医院复诊涂氟，保证氟化物继续发挥预防蛀牙的作用。

★涂氟不代表不会蛀牙，孩子仍然要坚持饭后漱口、早晚使用含氟牙膏认真刷牙、使用牙线清除牙缝残留物和少吃甜食的好习惯。

（易思健）

七二、为什么要定期检查口腔?

龋病是一种由口腔中多种因素复合作用所导致的牙齿硬组织进行性病损,龋齿发病率居儿童慢性病首位。儿童乳牙萌出不久即可患龋病。龋病已被世界卫生组织列为重点防治的疾病。

对于孩子来说,乳牙与其身体健康、心理健康息息相关:

★乳牙负责咀嚼、促进颌面部的生长发育。

★乳牙发育影响发音的准确性。

★乳牙诱导恒牙萌出及正常咬合的建立。

★乳牙维护美观和心理健康。

口腔健康预防重于治疗。在我们的日常生活中,应该做到如下方面:

★合理膳食,营养均衡,控制含糖食物。

★养成良好的口腔卫生习惯,早晚刷牙、饭后漱口,用牙刷和牙线清洁牙齿。

★建立口腔档案，定期检查（图1）。

★定期涂氟，适时进行窝沟封闭。

这样，我们的牙齿就能健康地陪伴我们一生。

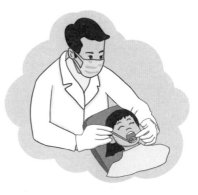

图1　定期检查口腔

温馨提示

家长是孩子口腔健康的第一责任人，除了日常要帮助他们认真清洁口腔外，建议家长定期带孩子去医院进行口腔检查，这样才能了解孩子的口腔健康程度。医生会根据需要，对孩子进行口腔保健指导、口腔疾病筛查以及患龋风险评估，并指导孩子选择相应的干预措施，预防口腔疾病的发生，控制口腔疾病的发展。

（易思健）

七三、"双排牙"，该怎么办？

孩子出现双排牙是因为恒牙已经萌出，但乳牙依然未松脱（图1），又称乳牙滞留，多发生于5—7岁开始换牙的儿童的下前牙。

如果乳牙滞留不及时将其拔出，内侧萌出的恒牙可能就无法长到正确的位置。因此，当家长发现孩子出现双排牙时，需要尽早带孩子到医院口腔科拔除乳牙。

图1 双排牙示意图

（易思健）

七四、孩子牙龈上的小白点是什么？

　　许多婴儿的牙龈上会长小白点，这些小白点多为"马牙子"，即粟米或米粒大小的白色珠状物，摸起来质地偏硬（图1）。

图1　小婴儿的"马牙子"

　　"马牙子"是牙板上皮在形成牙胚时多余的上皮角化成团，部分游离于口腔黏膜下造成的。一般不影响孩子吮吸奶水，可自动脱落，不需要处理。家长千万不能听信一些谣言而用针挑破白点，以免引起创伤及感染。

（易思健）

七五、为什么要给孩子做窝沟封闭？

窝沟封闭是对牙齿表面较深的沟进行填充（图1），目的是预防蛀牙。

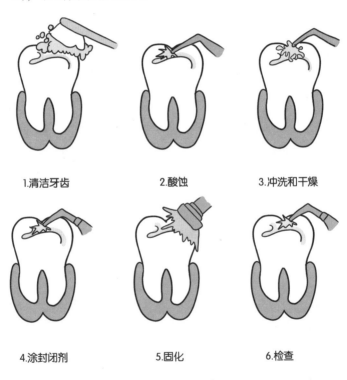

1.清洁牙齿　　　　　2.酸蚀　　　　　3.冲洗和干燥

4.涂封闭剂　　　　　5.固化　　　　　6.检查

图1　窝沟封闭示意图

那么，哪些牙齿需要进行窝沟封闭呢？口腔科医生认为，凡是有深窝沟点隙、容易滞留食物或细菌且不易清洁的牙面，都是龋坏高发的区域，是需要进行窝沟封闭的，具体包括以下部位：

★**乳磨牙**：一般在 3—5 岁封闭。

★**恒磨牙**：第一恒磨牙一般在 6—8 岁封闭，第二恒磨牙一般在 11—13 岁封闭。

★**融合牙**：主要封闭融合部位的深沟隙。

★**畸形舌侧沟**：主要见于上颌侧切牙。

温馨提示

值得注意的是，窝沟封闭不仅是孩子的专利，成年人也会得蛀牙，长期不注意保护牙齿一样会被腐蚀，所以成年人的牙齿若有深窝沟也一样需要进行窝沟封闭。

（易思健）

七六、孩子有必要使用漱口水吗?

漱口水也称为含漱剂,主要功效在于清洁口腔,带走口腔中的食物残渣,掩盖由于细菌或酵母菌分解食物残渣引起的口臭,以及使口腔内留下舒适清爽的感觉。此外,其还可以在有效刷牙的基础上控制菌斑,带来清新口气(图1)。

漱口水分为保健性和治疗性两类。

图1 使用漱口水

★ **保健性漱口水:** 通常比较温和,口感较为舒适,主要成分是从茶叶中提取的口腔清新剂,用来去除口腔异味,保持口气清新,孩子可日常使用。使用方法为每次用约20—50毫升的漱口水漱口,漱口约半分钟,然后吐出。建议在使用漱口水后不要立即喝水;刷牙后不应立即使用漱口水,以免洗掉牙膏中残留的有益氟化物残留。

★治疗性漱口水：常见的有含氟化合物漱口水、抑制牙菌膜漱口水和防敏感漱口水，主要含抗菌、消炎、防腐和止痛的药物成分，起到辅助治疗某些口腔疾病的作用。这类漱口水需要在医生的指导下使用。

温馨提示

6岁以下儿童的漱口水，应在口腔科医生指导下使用；同时，家长在购买漱口水时，应认真阅读产品标签上的使用方法和年龄建议。此外，应注意漱口水虽能清洁口腔，但不能完全代替刷牙和使用牙线。

（易思健）

七七、发现孩子是"地包天"，
该怎么办？

　　正常的咬合关系是上前牙覆盖下前牙，如果下前牙反向覆盖上前牙，即"地包天"。"地包天"的形成因素比较复杂，目前研究表明，遗传因素和后天不良喂养习惯都可能造成"地包天"（图1）。

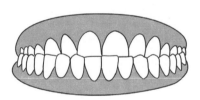

地包天（反颌）

正常　　　　　　　地包天（月牙脸）

图1　"地包天"示意图

如果孩子是"地包天"，家长就需要重视了，因为"地包天"会限制上颌骨的生长发育，影响孩子的"颜值"。所以家长一旦发现孩子有"地包天"，需要尽早带到医院口腔科咨询矫正。牙医会根据孩子口腔的具体情况，进一步制定方案。

温馨提示

为预防这种情况，家长要在日常生活中注意不要让孩子躺着喝奶，避免下巴习惯性前伸等行为。

（易思健）

七八、孩子的牙齿"摔出来了"，
该怎么办？

如果孩子的恒牙完全脱出，应尽快进行再植术。因为牙齿离体的时间会直接影响再种植效果，牙齿脱出牙槽窝的时间越短，再植成功率越大。一般情况下，15—30分钟内再植成功率极高，建议家长在这个时间段内带孩子赶到专业医院进行治疗。

如果是乳牙完全脱出，就不建议保留了，因为乳牙根尖孔是喇叭状的，在临床中是不建议进行再植术的。

如果牙齿摔断了，不管是乳牙或者恒牙，我们都可以保留残片，带到口腔科进行治疗。

那么，如何分辨乳牙和恒牙呢？

★牙齿颜色不同：乳牙釉质矿化程度较低，所以牙釉质透明度也较低，乳牙呈现乳白色。恒牙釉质矿化程度较高、透明度高、光泽度较亮，可以较多透出牙本质颜色，所以恒牙呈现为珠白色稍偏黄。

★**牙齿磨损程度不同**：乳牙在孩子3岁左右全部萌出，而恒前牙在孩子5—7岁开始萌出，此时乳牙已经使用了几年，并因产生咀嚼致使牙尖磨耗较多，而恒牙刚长出来，很少发生磨耗。

★**形态不同**：乳牙相对恒牙体积更小。乳牙颈部狭窄，冠根分界明显。恒牙分界不明显，恒牙牙根较直。脱出牙应妥善保存。完全脱出的牙的储存条件对于其能否成功愈合非常关键，建议家长首选把孩子的脱出牙放在脱脂牛奶里进行保存，其次是生理盐水，也可以放在孩子舌下，但千万不要用纸巾包住或放进裤兜等干燥环境保存，这会加快牙齿细胞坏死。

温馨提示

建议家长学习牙外伤应急处理小知识，具备紧急处理意识，抓住最佳治疗时机，保存好孩子的脱出牙，寻找专业牙医进行治疗。

（易思健）

VIII 免疫接种篇

七九、为什么宝宝需要进行
　　　预防接种？

预防接种（图1）是最有效、最经济、最便捷的保护儿童健康的手段。

图1　儿童预防接种

婴儿出生时可以从母亲体内获得一定的抵抗传染病的抗体，但随着孩子月龄增长，其体内母传抗体的水平会逐渐减弱和消失，从而成为传染病的易感者。为提高儿童抵抗传染病的能力，预防传染病的发生，家长需要按照免疫程序及时给孩子接种疫苗，保护儿童健康成长。绝大多数儿童按免疫程序接种疫苗后，儿童群体会形成牢固的免疫屏障，如此既可保护免疫群体不得病，也可保护少部分未接种疫苗的儿童。因此，在条件允许的情况下，适龄儿童均须按照免疫规划要求进行预防接种（表1）。

疫苗名称	预防疾病	接种时间
卡介苗	粟粒性肺结核、结核性脑膜炎	出生时
乙肝疫苗	乙型肝炎	0、1、6月龄
脊髓灰质炎灭活疫苗	脊髓灰质炎（小儿麻痹症）	2、3月龄
脊髓灰质炎减毒活疫苗	脊髓灰质炎（小儿麻痹症）	4月龄，4周岁
无细胞百白破疫苗	百日咳、白喉、破伤风	3、4、5月龄，18—24月龄
乙脑减毒活疫苗	流行性乙型脑炎	8月龄、2周岁
麻腮风减毒活疫苗	麻疹、风疹、流行性腮腺炎	8月龄、18月龄
甲肝减毒活疫苗	甲型肝炎	18月龄
A群流脑多糖疫苗	A群脑膜炎球菌引起的脑膜炎	6—18月龄
A+C群流脑多糖疫苗	A群及C群脑膜炎球菌引起的脑膜炎	3周岁、6周岁
白破疫苗	白喉、破伤风	6周岁

表1　我国的免疫规划预防接种要求

宝宝进行免疫预防接种是儿童保健的一项重要内容，也是每个宝宝和家长必然要经历的事。那么，在带宝宝去接种疫苗前，家长要做些什么准备工作呢？

★给宝宝洗澡，换一件干净柔软的衣服。

★带好宝宝的预防接种证、儿童预防接种告知书。

★宝宝空腹和过度疲劳时不宜接种，以防引起"晕针"。

★口服脊髓灰质炎减毒活疫苗、轮状病毒减毒活疫苗的前后 30 分钟，不要给宝宝吃奶或喝热饮。

★将宝宝的健康状况如实告知医生，如有接种禁忌症的情况则不能接种或暂缓接种，并与医生预约补种时间。

★告知医生上次接种后宝宝的健康状况，特别是有无发热、惊厥、呕吐、腹泻、接种部位红肿及疼痛等情况，以便医生更换接种部位或调整接种方案。同时，配合医务人员做好接种前的其他工作。

温馨提示

宝宝接种疫苗时，家长要做些什么呢？

★接种过程中，家长应该注意不要让宝宝吃奶或嘴里含有食物，以免发生气管堵塞等意外。

★家长可以适时给宝宝温暖的拥抱，让宝宝有安全的感觉。

★家长还可以协助接种医生固定宝宝的体位；安抚哭闹不安的宝宝；用玩具等转移宝宝的注意力，以保证其在接种过程中身体不乱动。

（杨路）

八○、宝宝接种疫苗后，需要注意什么？

宝宝接种免疫规划疫苗是常态，那么家长们在宝宝接种疫苗后需要注意什么呢？

★接种疫苗后，请家长带宝宝在观察区休息至少 30 分钟，以便及时处置可能发生的接种反应。

★接种疫苗后，家长要注意宝宝接种部位的清洁，不要弄湿、弄脏接种部位，以防局部感染。

★接种口服疫苗（如二价脊髓灰质炎减毒活疫苗、轮状疫苗）的前后 30 分钟，家长不能给宝宝喂奶、喂热水或其他热的食物。

★接种疫苗后，宝宝要多休息，多饮水，不剧烈运动。

★回家后，家长要细心观察宝宝的反应，如果出现体温较高或高热不退等反应，应及时就医。

（杨路）

八一、接种疫苗以后，宝宝是不是就不会生病了？

由于生产工艺、病原特性以及个体差异等原因，接种疫苗无法保证所有受种者不再患病，但是相对于不接种疫苗，其可以将患病风险大大降低。

同时，疫苗的针对性很强，如果仅从疫苗名称上去理解其预防效果是很容易引起误会的。比如，流感疫苗只能预防流行性感冒，并不能预防上呼吸道感染（即普通感冒或伤风）；肺炎球菌疫苗只能预防相应血清型的肺炎球菌引起的各种感染，但不能预防其他原因引起的肺炎；流感嗜血杆菌疫苗预防的是流感嗜血杆菌引起的各种感染，与流行性感冒没有关系，也不能预防流行性感冒。

（杨路）

八二、家里养有猫狗，应该注意什么？

不少家长有疑问，家里养有猫或狗，养娃和养宠物能兼得吗？很多家庭有了宝宝后会把宠物送人，或者根本不敢养宠物。这其实大可不必，人类是可以和宠物和谐相处的。养宠物既有利于培养孩子尊重生命的观念，也有利于促进家庭和谐氛围及良好亲子关系的发展，还可以增强孩子的责任感，有助于孩子的身心健康发展。但是猫狗有可能携带一些寄生虫和病毒，会威胁到我们的身体健康和生命。其中，最危险就是狂犬病毒引起的狂犬病。

什么是狂犬病呢？狂犬病又称恐水病，是由狂犬病毒引起的主要侵犯中枢神经系统的一种人畜共患的急性传染病。狂犬病主要在狗、猫、蝙蝠等动物间传播。人狂犬病传染方式主要由被狂犬病病毒感染的狗或猫以咬伤、抓伤、被其舔舐黏膜或开放性伤口的方式传给人，其临床症状主要有恐水、怕风、怕强的光线和声音，进而发生全身痉挛、咽肌痉挛、头背后仰、牙关紧闭、抽搐不止、呼吸困难等症状，最终出现肢体瘫痪、呼吸循环衰竭而死亡，其潜伏期多在1—3个月，一般不超过1年。人在感染狂犬病毒后，一旦发病，病程一般不超过1周，病死率100%。

狂犬病固然可怕，但可以预防（图1）。

图1 家养猫狗注意事项

那么，家里养有猫狗，我们应该注意些什么呢？

★与猫狗友好相处，避免被咬伤或抓伤：家养的猫狗对待熟悉的朋友会很温和，但是很多孩子小时候会有破坏性行为，他们可能会非常粗鲁地对待宠物，有的孩子生气时可能会踢宠物、拽宠物的毛。想要与宠物和谐相处，我们需要教会孩子把宠物当作家人或朋友，怀抱爱心，爱护宠物，避免被其咬伤或抓伤，从而避免或减少感染狂犬病的风险。

★**注意卫生**：勤给猫狗洗澡、剪指甲，帮助它养成良好的习惯。此外，家长还要保持室内通风，保证环境干净卫生，才能放心让孩子与猫狗亲近。

★**定期为猫狗注射疫苗**：根据疫苗情况，定期带猫狗到宠物医院注射相关疫苗，例如狂犬病疫苗、预防寄生虫的六联疫苗等。这不仅是为了猫狗的健康，更是保障孩子和家人的健康。

温馨提示

我们在和宠物接触的过程中，可以尽量减少接触宠物的唾液，避免让宠物舔舐黏膜、破损的伤口。在必要的情况下，我们也可以提前接种暴露前的狂犬病疫苗。一旦我们被抓伤或咬伤，应立即用肥皂水清洗伤口，并及时到医院犬伤门诊进行暴露后的处理。

（彭凤华）

八三、被猫狗搔抓、咬伤后，该怎么办？

现代家庭养有猫狗的情况十分普遍，孩子看到可爱的猫狗更是会与它们一起玩得不亦乐乎。在玩耍的过程中，难免会发生孩子被猫狗搔抓、咬伤的情况。大家都知道猫狗有可能会携带狂犬病毒，狂犬病毒会通过破损的皮肤、眼结膜、口腔黏膜、肛门及生殖器黏膜等传染给人类，危及我们的身体健康甚至生命。有的家长可能会觉得被猫狗搔抓、咬伤后只是划破点儿皮并无大碍，但我们要在这里郑重地告诉各位家长，千万别大意！

那么，被猫狗搔抓、咬伤后该怎么办呢？

★首先，保持镇定，如果伤口比较浅或无明显出血，应立即用清水或肥皂水（将肥皂涂抹在伤口表面）对充分展开的伤口冲洗15分钟后，及时就诊。如果伤口严重或有出血，则应尽快用手边洁净的毛巾、布条等止血（切忌用力挤压）并及时就诊，寻求专业处理。

★其次，到政府定点的、具有狂犬病暴露预防处置医院的犬伤门诊，全程、足量、规范地接种狂犬病疫苗。目前，我国的狂犬病疫苗有3种细胞基质（Vero细胞、人二倍体细胞、地鼠肾细胞）；免疫程序有2种，分别是5针免疫程序和"2-1-1"4针免疫程序（图1）。

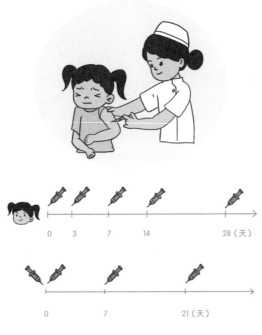

图1　两种免疫程序

★最后，如果是首次发生狂犬病暴露，经专业医师判断伤口为Ⅲ级暴露的伤口，或虽是Ⅱ级暴露的伤口但受伤部位为头面部，或存在严重免疫缺陷、长期大量使用免疫抑制剂的情况时，我们需要注射狂犬病被动免疫制剂（抗狂犬病血清／狂犬病人免疫球蛋白）。

温馨提示

及时处理伤口，全程、按时、规范接种狂犬病疫苗及注射狂犬病人免疫球蛋白是有效预防狂犬病的重要方式。我们一定要遵医嘱执行，不可自行中断。

（彭凤华）

Ⅸ 中医保健篇

八四、孩子总是喊肚子痛，该怎么办？

有的家长有疑问：孩子总是突然毫无征兆地出现肚子痛，疼痛持续一段时间后会自行缓解，没几天又会发作，甚至一天发作数次，去医院做了各种检查，医生说是肠系膜淋巴结炎或植物神经功能紊乱，一般不予治疗。这种令家长一筹莫展的腹痛，在医学上被称为"功能性腹痛"（图1）。

图1　儿童功能性腹痛

功能性腹痛是指胸骨以下、脐的两旁及耻骨以上部位发生以疼痛为主要表现的功能性胃肠病，其中以脐周疼痛最为常见。功能性腹痛与胃肠道的器质性病变无明显联系，具有反复发作性和长期持续性的特点。这种腹痛多见于2岁以上的孩子，以学龄前的孩子最为常见，其中女孩的发病率高于男孩。功能性腹痛一般不会影响孩子的生长发育，但是经常性的腹痛会降低孩子的生活质量，严重者还伴有恶心、呕吐等现象，由此影响孩子的食欲，也影响孩子的生长发育。

引发孩子功能性腹痛的原因有很多，主要包括体质敏感、精神（心理）因素和饮食不节。

1. 体质敏感

部分孩子体质虚弱或较为敏感，多在站立过久或食用鱼虾蛋奶等易引发过敏的食物后出现腹痛。这类孩子在平时的生活中应注意加强锻炼、增强体质，并尽量避免食用易引起过敏的食物。

2. 精神（心理）因素

有些孩子的心理较易紧张，在紧张与压抑时容易出现腹痛，家长应在对这类孩子的日常教养中注意方式与方法，并适时进行心理疏导。

3. 饮食不节

有些孩子饮食不知自节，加之婴幼儿时期脾胃比较虚弱，如食用过多瓜果、冷饮等生冷食物或肉蛋海鲜等不易消化的食物，又或者进食过量都可能会导致腹痛。因此，在日常生活中，父母应合理安排孩子的饮食搭配及进食量。

针对功能性腹痛，注重辨证分型的中医治疗多将其分为腹部中寒、乳食积滞、胃肠积热、脾胃虚寒、气滞血瘀等证型，家长可以根据不同证型为孩子选用中药口服、中药食疗、小儿推拿、艾灸、穴位贴敷等方式治疗。

（邓辉）

八五、孩子吃得好，但是不长肉、
不长高，该怎么办？

如果孩子很能吃，但还是不长个子、不长肉，有时会口腔酸臭、有口气，舌苔也很厚，这在中医上有个专门的说法，叫"胃强脾弱"。胃有接收、容纳食物的作用，脾有运输、转化营养的功能。胃强，即孩子吃得多，胃的容纳能力强；脾弱，即吃进去的食物都存在胃里，脾不能及时地消化吸收。在胃强脾弱的时候，孩子很能吃，但不一定能够消化吸收，孩子的身体不仅没有获得充足的营养，还会"叫饿"。这时，家长不要觉得孩子能吃，就使劲儿给吃的，而不去考虑孩子有没有真正地吸收营养。

1. 胃强脾弱的孩子有哪些表现？

★胃口好，容易饿，光吃不长肉、不长个子。

★容易脾气不好，不给吃的就"撒泼打滚"。

★大便异常，或黏马桶，或便秘、大便呈羊屎蛋状，或大便先干后烂。

★脸色偏黄或青灰，两眼间隐约有青筋。

★肚子偏大，摸着不是很柔软。

★更容易出汗，汗量多。

★舌苔容易偏厚发白，口腔酸臭，有口气。

★睡觉时翻来覆去，出虚汗，磨牙、流口水，睡不踏实，爱趴着睡。

若出现上述表现，家长需要带孩子到正规医院的中医科就诊，切忌自行诊断。

2.孩子胃强脾弱，该如何调理呢？

★首先，重要的原则就是控制饮食，少食多餐。孩子有时候想吃东西，自己是控制不住的，需要家长帮帮忙，这里有几个小技巧用得上！孩子想吃零食时，家长可用游戏、玩具分散其注意力；孩子一定要吃时，家长可以用汤粥、温热的水果代替零食；给孩子吃一些饱腹感强的食物，清淡饮食，少食多餐。

★其次，要让孩子适当运动。生发阳气，动则生阳，适当的运动可以帮助身体的气血运行，还能通过适当的排汗，把体内的垃圾排出去。但是一定要适度，不要让孩子过度运动，这样反而会耗损阳气哦！

此外，家长可以利用小儿推拿调理孩子胃强脾弱的情况。（图1—3）

★**方法一：补脾经。**脾穴在大拇指末节外侧，赤白肉际处，向心为补，离心为泻。用您的左手抓着孩子的左手，用您右手大拇指顺着孩子大拇指桡侧从指尖向指根直推，反复100次。

图1 补脾经

★**方法二：清胃经。**胃穴在大拇指第一掌骨桡侧缘，赤白肉际处，向心为补，离心为清。用您的拇指指腹置于孩子第一掌骨桡侧，从上往下推，即为清胃经，反复100次。

图2 清胃经

★**方法三：摩腹。**您可用手在孩子肚脐周围顺时针画圈，反复 100 次。

图3　摩腹

（邓辉）

八六、孩子体质弱、反复感冒，
该怎么办？

孩子出现反复感冒的情况，中医称这类孩子为"易感儿"，好发年龄多在6个月—6岁之间，尤其在2—3岁的幼儿里最为多见。这类孩子每年患呼吸道疾病次数常在7—10次以上，有的甚至每月发生2—3次。

1. 发病原因

★先天禀赋不足，体质柔弱。如父母体弱多病，或母亲于孕期患染某种疾病，或早产、多胎等。

★喂养、调护失宜。如过早停止母乳喂养、人工喂养不当等。

★婴幼儿生病后未及时医治或误治，导致感冒反复不愈，并致气虚、免疫力下降。

★饮食不当。孩子挑食偏食，家长给其乱服滋补药品或食品，使其体内生热化燥，伤津耗液。

★呵护过度，如衣被过暖、少见风日、户外活动过少。

2.中医治疗方法

★**穴位按揉**：按揉大椎、身柱、风门、肺俞、足三里等穴位，可增强孩子体质、健脾益肺、扶正固本、预防感冒、提高免疫力及抗病能力。每日1次，每次30分钟。

★**穴位艾灸**：艾灸身柱、足三里等穴位。身柱穴被称为小儿百病之灸点，足三里也有"强壮保健要穴"之称，艾灸身柱、足三里可增强孩子免疫力，有利于孩子长高，同时对呼吸系统、消化系统及免疫系统的多种疾病都有很好的防治作用。每次艾灸15—20分钟，每周1—2次。

★**耳穴压豆**：耳穴对应点位包括肺、内鼻、脾、耳尖、内分泌、肾上腺。内鼻点可增加鼻腔的抗病能力；肺点能补益肺气，预防感冒要从补肺气入手；脾点是根据中医培土生金、虚则补其母的理论，脾属土、肺属金，肺气虚易患久咳，可伤及脾，临床可用补脾来代替补肺。现代医学理论证明，脾与免疫机能有关，补脾可提高免疫力。耳尖、内分泌、肾上腺的点位有"三抗一提"的作用，可抗感染、抗过敏、抗风湿，提高机体免疫力。

★"伏灸"法：这是根据中医学"冬病夏治"或"治未病"的指导思想进行的一种特殊治疗，能有效地防治以伤风、感冒、咳喘为主的呼吸道疾病，大大提高孩子的免疫抗病能力。

3.预防方法

★保持室内空气流通、清新。

★随气候变化，为孩子及时增减衣服。

★切断传播途径，感冒流行期少去公共场所，避免孩子与感冒病人接触。

★经常进行户外运动，呼吸新鲜空气，多晒太阳，加强锻炼，增强抵抗力。

★定期换洗床上用品，减少孩子过敏患病的几率。

（邓辉）

八七、多大的孩子可以做小儿推拿？

　　在医学上将对儿童的按摩称为小儿推拿，小儿推拿是建立在中医学整体观念的基础上，以阴阳五行、脏腑经络等学说为理论指导，运用各种手法刺激穴位，使经络通畅、气血流通，以达到调整脏腑功能、治病保健目的的一种方法（图1）。

图1　小儿推拿

小儿推拿的治疗体系形成于明代，以《保婴神术按摩经》等小儿推拿专著的问世为标志。小儿推拿的穴位有点状穴、线状穴、面状穴等，在操作方法上强调轻快柔和、平稳着实，注重补泻手法和操作程序，对常见病、多发病均有较好疗效。

吴师机指出"外治之理即内治之理"，小儿推拿的治疗法则与内治法基本一样，即谨守病机，以期治病求本，调整阴阳，扶正祛邪。在中医基础理论的指导下，其广泛应用于小儿泄泻、呕吐、食积、厌食、便秘、腹痛、脱肛、感冒、咳嗽、哮喘、发热、遗尿、夜啼、肌性斜颈、落枕、惊风等病症，有较好的效果。

小儿推拿适用于0—12岁的儿童，6岁以内小儿推拿效果较好，3岁以内的婴幼儿效果更佳。

小儿推拿疗法治疗范围广泛，效果良好，但也有一些情况不适合使用，如下：

★皮肤发生烧伤、烫伤、擦伤、裂伤及生有疥疮者，局部不宜推拿。

★某些急性感染性疾病，如蜂窝织炎、骨结核、骨髓炎、丹毒等患者不宜推拿。

★各种恶性肿瘤、外伤、骨折、骨头脱位等患者不宜推拿。

★某些急性传染病，如急性肝炎、肺结核病等患者不宜推拿。

★严重心脏病、肝病患者及精神病患者，应谨慎推拿。

温馨提示

小儿疾病的病理特点决定了小儿发病容易、传变迅速，若治疗不当或不及时会影响疾病的愈后转归，故小儿推拿应由专业医师执行，并且必要时须配合内治法协同治疗。

（唐远军）

八八、孩子可以接受针灸治疗吗？

孩子一般是可以接受针灸治疗的。

针灸治疗通过毫针刺激穴位，以调畅气血、疏通经络，从而达到治疗疾病的效果，属于较为安全的中医理疗方法。对于幼儿患者，其常用于治疗厌食、腹泻、遗尿、面瘫等病症，故而孩子在一般情况下是可以接受针灸治疗的。

孩子在接受针灸治疗时（图1），需要注意以下事项：

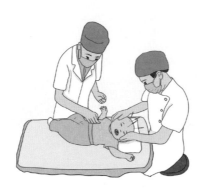

图1　孩子接受针灸治疗

★注意摆好体位并固定好孩子的肢体，防止小孩在治疗过程中由于出现身体乱动的情况，影响针灸的治疗效果。

★在进行针灸治疗时，应注意避免让孩子处于饥饿、劳累的状态，以免导致头晕、乏力等不适症状，不利于疾病的恢复。

★对于需要进行腹部穴位针灸的孩子，应使其提前排尿。

★进行针灸治疗后，还需要注意保持孩子施治部位皮肤的清洁干燥，以免造成局部皮肤的感染。

（唐远军）

八九、中医可以预防或者改善
儿童视力吗？

中医在预防近视和改善视力方面有独特疗法，可以有效预防近视和缓解近视度数加深。

1. 阴阳调和法

中医认为，人的身体讲究阴阳平衡，当人近视的时候，身体的阴阳可能处于不平衡的状态，需要通过调节阴阳来平衡身体的气。阴阳调和的方法包括早晨在外冥想、打太极、练习健身气功等，这些都能够有效促使身体的气涌向一处，从而达到阴阳平衡。

2. 中药治疗法

我们可以选择一些明目的中药材熬制成汤药，以口服的形式使之进入身体，促进眼部周围穴位的血液流通，进而达到保护眼睛的效果。明目的中药材有桑叶、金银花、决明子等。

3.按摩疗法

人的身体有很多经脉穴位，针对掌管眼睛的经脉穴位进行一定的治疗，也能够有效缓解近视度数的增长，眼保健操的5个穴位都是明目的主要穴位，即天应穴、睛明穴、四白穴、太阳穴和风池穴。因此，建议孩子每天都要好好做眼保健操。

4.耳穴治疗法

人的五官是相通的，通过治疗耳朵上的敏感点，也能有效刺激视力的恢复。通过耳朵治疗近视的方法，包括耳针疗法、耳穴豆疗法、耳部推拿疗法。

5.针灸治疗法

医生通过针灸头面部穴位配合远端取穴，不仅能刺激眼部血液循环，改善局部营养代谢，还能有效刺激全身经络，以达到预防近视和改善视力的效果。

（唐远军）

九〇、中医能帮助孩子长高吗?

中医可以帮助孩子长个子,主要方法有先天控制、改善脾胃条件和按摩相关穴位等。

1.先天控制

父母身高会影响孩子的身高,备孕的男性可以通过使用温肾阳、补肾阳的药物,增加雄激素的分泌,这里的"雄激素"通常是指中医概念上的雄激素药物。

2.改善脾胃条件

一般情况下,适量喝牛奶可以补充蛋白质,蛋白质会促进孩子长高,这和中医的补益气血、气血旺盛而身高就会增加是同样的道理。当蛋白质等精微元素进入孩子体内以后,会变成气血精华。中医可以使用黄芪、当归、党参等补益气血的药物,它们对长高有一定帮助。

3.按摩相关穴位

★头面部的百会穴(位于人体的头顶正中心,可以通过两耳角直上连线的中点来简易取此穴;或以两眉头中间向上一横指起，直到后发际正中点）20—50次。

★小儿上肢穴位刺激：推三关（三关在前臂阳面靠大拇指那根直线上，操作时用拇指或食、中二指自腕横纹推向肘横纹）、补脾经（自拇指桡侧指尖推向指根）、补肾经（小拇指螺纹指尖推向指根）、泻肝经（食指螺纹面指根推向指尖方向）、泻心经（中指螺纹面指根推向指尖方向），各100—200次。

★每天揉腹，顺时针1分钟、逆时针1分钟。

★每天从下向上搓背，以皮肤微红发热为度。

★每天从上到下按揉膀胱经各穴位。

★每天向上捏脊和揉双脚底的涌泉穴各30—50次，再重点按摩背部的命门穴、肾俞穴、身柱穴（也可以艾灸），各4—5分钟。捏脊可以激活全身的生长机能，涌泉穴则是肾的井穴，按摩这个穴，就是让生命的"泉水"涌出来，滋养全身，命门穴中则藏着"真火"，可以生发全身的阳气。

（唐远军）

九一、宝宝夜间哭闹，该怎么办？

相信很多新手爸妈都经历过宝宝夜间哭闹不止、难以安抚的情况，令宝爸、宝妈手足无措、慌乱不安。下面我们就来聊一聊宝宝夜间哭闹的那些事儿，看看宝宝哭闹都有哪些原因，家长又该怎么辨别孩子是否健康？

宝宝哭闹一般分为以下两种情况。

1. 生理性哭闹

哭闹是新生儿及婴儿阶段一种常见的生理活动，是孩子表达需求或者表示不舒适的方式，比如孩子在饥饿、惊恐、尿布潮湿、衣被过热或过冷等情况下常常哭闹不安。如果以上哭闹通过喂食、安抚、更换尿布、调整衣被厚度后停止，这就属于生理性哭闹，家长不用过度担心，及时、正确护理宝宝即可。

2. 病理性哭闹

有些哭闹是由疾病引起的，白天、黑夜均会发生。比如，缺钙引起的佝偻病及手足抽搐症患儿会经常烦躁不安、容易哭闹；肠套叠发生时，患儿会出现阵发性哭闹不安、面色苍白、出汗等症状；中枢神经系统感染的患儿常出现音调高、哭声急的"尖叫"声；发热或者感染鹅口疮的患儿也会出现持续性的哭闹不止。出现病理性哭闹时，家长要及时带宝宝就诊治疗原发性疾病。

对于宝宝不明原因的反复夜间哭闹，若其白天状态良好且全身一般情况良好，在排除原发性疾病（如外感发热、鹅口疮、肠套叠等疾病）引起的哭闹后，宝爸宝妈可以试试用中医的方法进行助眠。下面列举两种中医方式以供参考。

1. 足底按摩

睡前温水泡脚5—10分钟后，对足底涌泉穴（足底心，前1/3与后2/3交界凹陷处）轻压按摩约100次，有助于宝宝睡眠（图1）。

图1　足底按摩

2. 轻揉印堂穴

可轻揉宝宝的印堂穴（两眉头连线的中点）、太阳穴（眉梢与目外眦之间向后约 1 寸凹陷处）约100 次，有助于宝宝睡眠（图 2）。

图 2　轻揉印堂穴

温馨提示

如果宝宝夜间哭闹不止，居家治疗效果不佳时，建议及时到医院就诊。

（张勋）

X 常见疾病篇

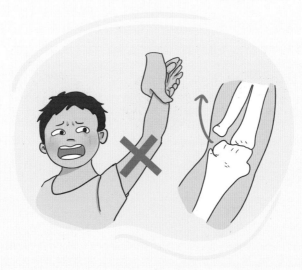

九二、宝宝"歪脖子"是什么情况，这正常吗？

宝宝"歪脖子"（图1）就是医学上俗称的斜颈，发病率为0.3%—1.9%。宝宝出现斜颈的原因多样：宝宝出生后的睡姿不正确；喂奶姿势或者抱姿不合适；孕期胎位不正；难产，特别是臀位产；遗传性斜颈（约1/5的患儿有家族病史）；肌肉、眼睛或骨骼有异常等。

图1　宝宝"歪脖子"

依据斜颈病因和预后，其可分为生理性斜颈和病理性斜颈。生理性斜颈也叫习惯性斜颈，一般出现在宝宝3月龄左右，家长在家对宝宝进行观察矫正就可以了；病理性斜颈分为肌性斜颈、眼源性斜颈和骨性斜颈。一般生理性斜颈可以自愈，病理性斜颈则需要就医。

出现病理性斜颈时，若不及时干预会导致宝宝面部及脊柱畸形。若宝宝在出生 1—2 个月时，有以下几种情况，家长就得注意了。

★ 头倾向一侧，下巴朝向头倾方向的对侧肩膀。

★ 颈部出现硬块。

★ 脸部左右大小不对称。

★ 颈部活动受限制。

肌性斜颈表现为宝宝出生后 2 周左右脖子出现明显肿块，这可能是胸锁乳突肌的肌肉内压力增高，肌肉缺血然后纤维化导致的。80% 的肌性斜颈通过功能锻炼等理疗方式是可以治好的，20% 无好转迹象的情况则需要做手术才能治愈。

眼源性斜颈表现为宝宝出生 6 个月左右出现斜颈。这种情况有可能是斜视所致，孩子看东西的时候会不自觉地斜颈，但睡觉后斜颈症状就会消失。眼源性斜颈必须等到 1—2 岁时才能确诊，这需要家长定期带宝宝复查，确诊后应积极配合治疗。

骨性斜颈表现为宝宝出生后就出现斜颈，这种情况一般由颈椎畸形导致。骨性斜颈可以通过手术解除症状。但要长期保持颈椎的稳定，还需要家长带宝宝配合功能锻炼。

对于出现可疑斜颈的宝宝，家长应及时到医院为其排查病理性斜颈。

（邓辉）

九三、发现宝宝大拇指有个硬结，
该怎么办？

有些家长会因发现宝宝大拇指处有个硬结、拇指无法伸直而前来就诊，这个有可能是"儿童拇指狭窄性腱鞘炎"。下面，我们一起了解一下什么是"儿童拇指狭窄性腱鞘炎"（图1）。

图1 儿童拇指狭窄性腱鞘炎

狭窄性腱鞘炎俗称"弹响指"，顾名思义，就是活动指间关节时能听见弹响。发生在儿童拇指处的这种情况，我们叫儿童拇指狭窄性腱鞘炎。其表现为患指呈半屈曲状，不能主动伸直，严重时被动伸直也受限，并可以在宝宝第一掌指关节掌侧触到硬结，无明显压痛。

成人的发病原因多是腱鞘因机械性摩擦引起慢性无菌性的炎症改变，但是儿童发病原因与成人有明显的不同，儿童的具体病因目前较为统一，即由肌腱的发育与滑车（关节）的发育不匹配导致。根据国外调查，其发病率在 0.1%—0.3%，男女发病率无明显差异，单侧多见，也可见于双侧。很多文献报道了儿童拇指狭窄性腱鞘炎的自然病程，自愈率存在很大差异，从 0 到 75% 不等。

在治疗儿童拇指狭窄性腱鞘炎上，通常包括保守治疗和手术治疗两种方式。保守治疗包括支具治疗和被动牵拉练习。手术治疗是有效的治疗方法，一般建议至少在宝宝 1 岁以后进行。开放性的 A1 滑车松解术目前被认为是安全、有效的治疗方法。

温馨提示

宝宝患儿童拇指狭窄性腱鞘炎，可以先观察，若观察 6 个月或者更长时间没有改善迹象，可以考虑保守治疗，保守治疗失败后再选择手术治疗。

（刘乾亮）

九四、我就拉了一下，宝宝的手怎么就不动了？

很多家长常在抓住宝宝胳膊并将其抱起，摇摆宝宝或突然抓起宝宝后，发现宝宝的手拒绝活动，并且宝宝会在触碰后出现哭闹现象，这其实就是我们常说的"牵拉肘"。下面，我们一起了解一下什么是"牵拉肘"（图1）。

图1 儿童"牵拉肘"

牵拉肘又称"桡骨头半脱位"，是临床中常见的儿童脱位性损伤。在宝宝肘关节伸直、旋前时突然被牵拉，或宝宝的手被加速牵拉，或宝宝被抓住胳膊抱起、摇摆，或宝宝被突然抓起时都可导致牵拉肘的发生。

其发病原因是桡骨头与颈交界处的增大，环状韧带不能束缚桡骨头，在桡骨头前面形成折皱。宝宝1—3岁时是牵拉肘的高发期，5岁以上少见；发病率没有性别差异；一般认为左上肢更容易发生。

明确的病史及详细的查体即可确诊，如果宝宝肘部损伤诊断不确定时，可通过X射线检查排除肘部骨折的情况。一般通过手法即可复位。极少情况下，手法复位不成功，则需要手术治疗。此外，需要注意牵拉肘可能复发，其有5%—30%的复发率。

温馨提示

各位家长，如果在宝宝手或上肢受到突然牵拉的情况下，发现宝宝上肢不能上举，并伴有哭闹现象，请一定及时就诊。

（刘乾亮）

九五、宝宝没有受伤，怎么晚上痛得睡不着？

很多家长发现宝宝在晚上常常有下肢疼痛的情况，有时候甚至会痛得睡不着，这可能就是我们常说的"生长痛"。下面请各位家长跟我们一起了解一下什么是"生长痛"。

生长痛是儿童时期骨骼疼痛最为常见的原因，发病率在2.6%—49.4%，远远超过感染和肿瘤等疾病；好发年龄在3—12岁。其主要表现为反复发作的双下肢间歇性疼痛，以小腿、膝关节及其周边部位较为明显，通常是非关节性的，而且几乎总是发生在双侧。

典型的生长痛多发生在傍晚或夜间，这常常使宝宝痛醒，导致其哭闹，持续时间约数分钟至几小时不等，后可自行缓解；早晨的时候，通常是不痛的，不影响宝宝日间活动。其疼痛的程度一般较轻微，极少数很剧烈；疼痛的间歇期常无任何不适。生长痛一般是偶尔发生，两次疼痛可间隔几天至数月，但在严重情况下，则可能每天发生。

生长痛的病因不明确，可能与不正确的姿势、活动强度、骨代谢及骨密度水平、下肢微循环、心理及社会因素和痛阈值低等因素有关。

在治疗上，其主要采用物理治疗、补钙止痛等药物治疗，以及鞋垫干预、行为认知疗法等方式缓解症状。

（刘乾亮）

九六、宝宝大便里有"泡泡""悬液""奶瓣"等现象,这是什么情况?

家里有了宝宝后,家长们都格外关注宝宝的各种情况,尤其是宝宝的大便,其被家长们视为"宝宝健康警报器"(图1)。在临床上,宝宝大便的性状、次数、颜色的确与宝宝肠道健康有关系。那么,宝宝拉什么样的大便是正常的,拉什么样的大便是不正常的呢?下面就带家长朋友们一一辨识。

大便异常

图1　儿童大便异常

1. 正常便

纯母乳喂养的宝宝，大便呈黄色或者金黄色，黏稠度均匀如膏状或者糊状，可能偶尔偏稀或者偏绿，有酸味但不臭；奶粉喂养的宝宝大便比母乳喂养的宝宝大便干，多呈固体状，颜色偏暗，多为黄褐色，偶尔会伴有臭味。混合喂养的宝宝，大便比较接近黄色的软稀便。添加辅食后，宝宝的大便会开始出现类似香蕉的形状，颜色也可能会受到辅食种类的影响。

2. 绿便

宝宝出现绿便可能有如下原因：喂养量不足；饮食中含铁量高；肠道菌群失衡（如由肠炎腹泻或早产引起等）；水解奶粉喂养；腹部受凉或者吃了冷奶等。

3. 泡沫便

宝宝出现泡沫便可能是因为受凉或者消化不良引起的，因为宝宝的消化系统还没有发育完全，所以只要平时注意饮食和保暖，很快就会恢复了。如果宝宝一直拉泡沫样的大便，并且拉的次数多，甚至出现其他不舒服的情况，那就要去看医生了。

4. 奶瓣便

宝宝出现奶瓣便可能有如下原因：消化食物的能力不够；肠道还未发育完善；过度喂养；母乳转配方奶时奶中蛋白质增多。这多数属于正常现象，如果宝宝大便中有奶瓣，且体重增长缓慢或者伴随其他不适症状就需要引起注意，尽快去医院检查宝宝的消化系统是否有损伤，或对配方奶粉是否不耐受。

5. 黑色条状便

宝宝出现此类情况可能与饮食有关，多见于大龄宝宝，可能是吃了裙带菜、香蕉、火龙果等高纤维的食物。

6. 蛋花汤样便

宝宝出现这类大便，可能是由病毒性肠炎和致病性大肠杆菌性肠炎造成。所以只要宝宝有蛋花汤样的大便，就要及时去医院检查！

7. 豆腐渣样便

如果宝宝的大便是黄绿色并带有黏液，呈豆腐渣样，可能是宝宝得了霉菌性肠炎，此时需要带宝宝去医院检查以进一步确诊。

8. 鲜红血便

如果宝宝在排便后肛门里有鲜血排出，或者大便里有鲜红血色，并且只是黏附在大便表面，没有跟便便混合在一起，可能是宝宝得了痔疮、肛裂等肛门或肛管类疾病，应及时就医。

9. 暗红色血便

如果宝宝出现暗红色血便的话，肠套叠或者急性出血性坏死性肠炎等疾病就不能排除，需要立即就医。

10. 黑色大便

宝宝吃了含铁的药品，或者宝妈的乳头皲裂出血时喂奶，就会导致宝宝的大便变黑。如果宝宝精神和吃奶量都很好，则大部分情况应是正常的。如果宝宝精神差、奶量减少、脸色苍白，则可能是上消化道出血了，需要及时去医院检查。

11. 灰白色大便

如果宝宝一直出现白色或者陶土色大便，并且伴随腹痛、腹胀、呕吐等症状，可能有胆道梗阻，需要及时治疗。

（邓辉）

九七、孩子便秘了，该怎么办？

孩子如果排便次数减少（每周≤2次）、排便费力、排便疼痛甚至便血、大便干燥等症状，那么，孩子可能发生了便秘（图1）。

图1 儿童便秘

根据病因的不同，便秘可以分为器质性便秘和功能性便秘。器质性便秘相对少见，如先天性巨结肠、肛门直肠畸形、神经源性便秘等，借助体格检查、彩超、消化道造影等手段，诊断不难，一般需要外科处理。功能性便秘是大部分孩子便秘的原因，1岁内婴儿功能性便秘发病率为2.9%，1—2岁幼儿发病率可上升至 10.1%。功能性便秘的常见原因包括以下方面。

★ **饮食过少**：当孩子进食少时，食物经消化后液体被吸收，剩余食物残渣过少，对肠壁刺激不足，肠道蠕动少，大便排出便会延迟；饮食过少还会引起营养不良，导致腹肌和肠道功能减弱，如此又会加重便秘，形成恶性循环。

★ **饮食结构不当**：如果孩子严重偏食，肉类、细粮吃得多，水果、蔬菜等粗纤维食物吃得少，或者进水量少，大便中食物残渣少，对肠道刺激少，肠蠕动就会减弱，大便就容易干燥、不易排出。

★ **未养成良好的排便习惯**：孩子在刚开始进行排便训练时，可能由于方法不正确或者难以接受等原因而拒绝排便，结肠吸收水分的增加会使大便干结，难以排出大便且有疼痛感，孩子则会更加抵制，如此恶性循环，造成大便潴留。

★ **胃肠动力异常**：胃肠动力异常引起的便秘也不少见，包括一些先天异常和某些药物造成的后天影响。

关于孩子便秘的治疗原则，包括清除结肠、直肠内粪块潴留，建立良好的排便习惯，合理安排膳食，解除心理障碍，鼓励孩子乐于排便。具体治疗方式包括以下方面。

1.合理饮食

多进食含有丰富膳食纤维的食物，如蔬菜、水果、粗粮等。

2.训练排便习惯

孩子从8—12月龄开始定时排便，每日晨起坐便盆；限时排便，一般5—10分钟；年长儿要学会正确的排便用力方法。

3.适当运动

适当运动可以促进肠蠕动，有效缓解便秘，婴幼儿可以做被动操、顺时针轻揉腹部，每日进行2—3次，每次10—15分钟。

4.药物治疗

★缓泻剂：①硫酸镁：严重便秘可用；②乳果糖：作用温和，无严重副作用，且便于服用；③液体石蜡：不被吸收，润滑肠黏膜，阻止肠黏膜吸收水分，但长期服用会影响维生素K、A、D的吸收，婴儿禁用；④番泻叶：刺激性泻药，尽量少用；⑤聚乙二醇：

为渗透性通便剂，软化大便，不产生有机酸和气体，可长期使用。

★高渗性泻药：开塞露不被肠壁吸收，可润滑肠壁，对急性便秘效果好，但不能长期使用。

★胃肠动力药：如吗丁啉（多潘立酮片），可改善结肠动力紊乱。

★微生物制剂：改善肠道菌群失调，双歧杆菌可刺激肠蠕动、改善肠内发酵过程，有通便作用。

温馨提示

很多家长反映，孩子吃的药也不少，饮食也很注意，但是便秘仍不能缓解。值得注意的是，便秘的治疗是综合性治疗，应以调整饮食结构和培养良好的进食、排便习惯为主，以药物治疗为辅。

（陈丹丹）

九八、宝宝抽风了，该怎么办？

家长们对"抽风"这个词大概一点儿不陌生吧？在医学上，抽风就是我们常说的小儿惊厥，表现为骨骼肌剧烈、不自主痉挛性收缩或者收缩、松弛交替出现，可以是身体局部性，也可以是全身性，通常伴有意识丧失（图1），是儿科常见的危急症状之一。

两眼上翻

牙关紧闭　叫不醒

全身抽搐

肢体僵硬

图1　小儿惊厥发作示意图

那么，小儿惊厥通常是由什么原因导致的呢？引起惊厥的原因很多，如颅内感染（细菌、病毒、寄生虫、真菌引起的脑膜炎或脑炎）、颅外感染（感染中毒性脑病、热性惊厥等）、颅内疾病（包括颅脑损伤与出血、先天发育畸形、颅内占位性病变等）、全身性疾病（包括缺氧缺血性脑损伤、代谢性疾病、中毒等）。

新生儿（≤28天）惊厥的原因多为产伤、窒息、颅内出血、败血症等；婴儿（＜1岁）惊厥的原因多为产伤后遗症、先天颅脑畸形等；幼儿（1—3岁）惊厥的原因以热性惊厥、颅内感染等为常见；年长儿惊厥的原因以中毒性脑病、颅脑外伤、癫痫、颅内感染等为多见。

根据不同病因和神经系统受累部位不同，惊厥的发作形式和程度也不同，典型的全面发作表现为以下形式：

★呼之不应，失去知觉。

★全身僵硬、头向后仰、四肢僵硬或者有节律地抽动。

★双眼凝视、斜视、上翻。

★呼吸暂停、口唇青紫或者伴有口吐白沫。

★部分大小便失禁。

★惊厥后疲乏、昏睡。

小儿突发惊厥，家长该怎么办？具体有以下建议：

★保持镇静，不要惊慌，呼唤孩子的名字，看其是否有回应。

★移开危险物品，解开孩子的衣领，将孩子轻轻放至于安全的地方，避免二次损伤。

★清除呕吐物，避免孩子窒息。

★保持孩子呼吸道通畅。

★记录惊厥时孩子的表现（四肢抽动情况，面色、眼睛、口唇、大小便情况，发作时体温，惊厥时长等）。

以下对惊厥的处理方式是错误的，家长需要注意避免：

★硬拉孩子，以图制止抽搐。

★强塞物体进孩子的口中，比如筷子、手指等。

★孩子意识还没恢复就使其进食及服用药物。

★用指甲按压孩子的人中穴，造成口唇损伤；

强力按压孩子，造成骨折等损伤。

出现以下情况，应急救处理后于第一时间送孩子去医院就诊：

★孩子为第一次抽搐。

★持续发作超过5分钟。

★一次病程里出现多次发作。

★有身体其他部位受伤的情况。

★发作后，孩子仍口唇青紫，无自主呼吸。

（秦娅）

九九、孩子发烧了，该怎么办？

发热俗称发烧，家长们对孩子发烧一定不陌生。引起孩子发烧的原因很多，而且受许多因素（时间、季节、环境）影响，最常见的病因就是感染，包括各种病毒感染、细菌感染、支原体感染等。发烧是人体正常的病理反应，也是儿童最常见的一种症状，而非一种疾病。

孩子在发烧时，依据其腋窝温度可分为：

★低热型 37.3—38℃。

★中热型 38.1—39℃。

★高热型 39.1—41℃。

★超高热型 >41℃。

孩子在发烧时的临床表现常常为：

★在体温上升期，皮肤苍白、四肢冰凉、畏寒、寒战、无汗。

★在发热持续期，皮肤灼热、面色潮红、口唇干燥、烦躁和口渴等，此时可能有少量出汗。

★在退热期，大量出汗，皮肤温度降低。

在孩子发烧时，家长们可进行如下应对：

★物理降温，增加孩子饮水量（冷热不重要）。

★在没有冷风直吹的情况下，松解孩子包被衣物散热，如果婴幼儿有畏寒或寒战的表现，须盖上薄毯。

★在孩子适应的情况下可以进行擦浴，水温为32℃—34℃，主要擦拭大血管分布的地方，如前额、颈部、腋窝、腹股沟及大腿根部，在家可以泡温水澡，不推荐使用降温贴。

★当孩子体温大于38.5℃时，需要进行药物降温。小儿发热最好在医生的指导下，根据医嘱口服退烧药（仅推荐布洛芬和对乙酰氨基酚的相应儿童用药），药物可能只能降温1℃—2℃，不一定能让体温恢复正常。有高热惊厥史的儿童应在体温达38℃时告知医生，遵医嘱及时用药处理。每次口服退烧药间隔时间应大于4小时，24小时内不超过4次，一般不建议联合或交替使用退烧药。

需要特别提醒家长朋友的是：

★在物理降温时，请勿用酒精擦浴，警惕酒精中毒。若孩子出现高热惊厥，请保持镇静，保证环境安全，使患儿平卧、头偏向一侧保持呼吸道通畅，并及时就医。

★切勿强行按压患儿肢体或撬开患儿牙齿，勿按压人中穴、合谷穴。当患儿发烧时，请注意观察患儿面色、呼吸、活动状况、皮肤颜色及有无皮疹出现、有无嗜睡、抽搐、疼痛等情况。

★如患儿出现面色苍白、皮肤花斑、呼吸困难、神志不清、嗜睡、持续性疼痛、肢体活动异常、抽搐，以及退烧后24小时内再次出现发热或发热超过3天，或者发热患儿年龄小于3个月等情况时，请及时就医。

（张倩）

XI 行为心理精神篇

一〇〇、孩子说话吐字不清晰，
##　　　这是怎么回事?

在我们身边，经常会见到一些孩子说话吐字不清楚，他们可能把"爸爸"说成"大大"、把"哥哥"说成"的的"、把"乌龟"说成"乌堆"、把"飞机"说成"灰机"，这种情况不能排除构音障碍（图1）。

图1　儿童构音障碍

什么是构音障碍？顾名思义，构音障碍就是指孩子发音有问题了，主要分为以下三种情况。

1. 器质性构音障碍

这是构音器官的形态异常导致机能异常而出现的构音障碍，如唇腭裂、舌系带过短等。

2. 运动性构音障碍

这是参与构音的各器官（肺、声带、软腭、舌、下颌、口唇）的肌肉系统及神经系统的疾病所致的运动功能障碍，即言语肌肉麻痹，收缩力减弱和运动不协调所致的言语障碍，如脑瘫引起的构音障碍。临床上一般分为迟缓型、痉挛型、运动失调型、运动过少型、运动过多型及混合型。

3. 功能性构音障碍

这是指构音器官组织的形态及功能无异常，有正常的听力，语言发育达 4 岁以上水平，构音错误并呈固定状态。如前文所述语例，孩子会把拼音中的"f"替换成"h"，把"g"替换成"d"等，即孩子发音部位出现了错误。这类型的障碍最为常见，能通过早期干预有效纠正。

了解造成构音障碍的原因有利于我们预防这

种情况。神经发育的不成熟、遗传因素、不良的饮食习惯，都会导致发音不清。又如孩子饮食过于精细，吃饭时未能充分咀嚼，口腔功能没有得到充分锻炼，唇舌活动不灵活——不能很好噘起嘴巴、舌头不能舔到嘴角，也会造成这种情况。此外，孩子的语言环境较为复杂，如掺杂多种方言，也是原因之一。

（任露）

一〇一、宝宝爱吃手，该放任
还是制止？

宝宝从 2 月龄左右就开始认知世界了，此时他们神经系统的各项功能开始发育。根据宝宝神经系统发育的顺序，小婴儿的口周神经比手的神经发育更早。对于 2—5 个月大的宝宝来说，口不仅仅是用来吃东西的器官，在他们生长发育的早期，口还肩负着一个重要的使命，就是用它来认识和体验外在的世界。宝宝通过口来探索和体验周围的环境，就是我们常说的"口唇期"，也即口欲期。口唇期一般发生在婴儿 0—18 月龄，宝宝的好奇心、认知的驱使会让他们出现口唇期的表现，即宝宝表现为碰到什么舔什么（图 1）。

不足 4 月龄的宝宝在吃手的时候，并不知道自己吃的是"手"，而是在用口研究这个带着 5 个

图 1　口唇期宝宝

"叉"的东西。这段时间，如果宝宝吃饱了、玩够了、睡足了，仍然要吃手，可以让宝宝尽情吃，以满足他们认知的欲望。每个宝宝的口唇期持续的时间不一样，这跟家长的喂养方式有一定的关系，如果家长喂养的方式合宜，宝宝一般在1岁左右就可以很好地度过口唇期，如果前期家长对宝宝阻止和干预过多，宝宝在口唇期没有得到满足，这个时期就可能持续到2岁，甚至宝宝3岁时可能还要吃手。

因此，家长们需要注意以下方面：

★6月龄以下的宝宝吃手、啃玩具等行为都是正常现象，在保证清洁卫生的前提下应充分满足。

★家长要注意宝宝入口物品的安全问题，筛选大小合适的玩具给宝宝玩，把容易被宝宝吞进肚里的、容易咬掉的或者太硬容易伤害宝宝的玩具收起来，把危险降到最低。

★家长还可用一些安全的玩具，比如咬咬乐、磨牙环做替代品，这样既满足了宝宝口唇期心理需求，又有助于宝宝乳牙的萌出，还有利于他们的语言发展。

（陈姝）

一〇二、宝宝特别喜欢用小手抠东西、戳洞洞，这是正常的吗？

许多家长发现，1.5—4岁的宝宝特别喜欢一些很细微的事物，比如在宝宝一岁半左右的时候，会对周围的小物件充满兴趣，喜欢捏着小线头、头发丝在手里玩耍，甚至往嘴里塞；有些宝宝喜欢在地上捡拾烟头、小树枝、小石子，并把它们当宝贝一般收藏起来；还有些宝宝特别喜欢用小手抠东西、戳洞洞。以上表现都提示家长，宝宝进入"细微事物敏感期"（图1）了。

图1　细微事物敏感期

面对宝宝的这些癖好，估计很多家长多少都有些受不了，可能第一反应就是要阻止，毕竟那些东西可能看起来很脏，或者有可能给宝宝带来危险。不过，如果利用好了这个阶段，也正是培养宝宝敏锐观察力、比较能力的大好时期。

当宝宝处于细微事物敏感期时，那些细小的事物在他们眼里是无比新奇的，总能给他们带来数不尽的乐趣。这种对细小事物的观察其实也是宝宝观察能力的开端。因此在这个时期，父母要理解宝宝，不要刻意阻止他们对细小事物的关注和探索，并且要有足够的耐心去欣赏宝宝的举动，在保证安全的前提下，给宝宝一定的自由，让他们的观察力得到提升。

首先，父母可以在这个阶段给宝宝创造适当的观察机会。这个过程中，父母也可以给宝宝做一些讲解，这样既能体会到观察的乐趣，还能从中学到知识。当然，对于父母创造的这个机会也有要求，就是要保证孩子的安全以及健康。

其次，在让宝宝观察及接触事物时，父母不要提前设定目标，也不用一定要让他们去认识什么，因为这样就会阻碍他们体验的乐趣。父母要明白，这一敏感期的宝宝只愿意去观察他们感兴趣的事物，所以父母的"针对性教学"也要以宝宝的兴趣为主。

最后，在宝宝观察时别强行打扰他们的"观察工作"，因为家长在阻止过程中的训斥、威吓，也许会对宝宝的心理产生消极的影响。

（陈姝）

一〇三、孩子边吃边玩，很难安静地进餐，该怎么办？

孩子吃饭拖沓，边吃边玩，或者边看电视边吃，这些行为总是让家长们很苦恼。那家长们该怎么办呢？

首先，在孩子吃饭时，家长应确认进餐环境的安静，避免吃饭时旁边有玩具、电视声音等分散了孩子的注意力。避免家长追着孩子喂饭，这样会让孩子认为大人是默许边吃边玩的，从而强化他们的这种行为。

其次，家长应该以身作则，包括安静进餐、不挑食、坐姿端正及正确使用餐具等。另外，家长可以与孩子共同设立进餐规则，建立相应的"用餐惩戒制度"，如果在规定的用餐时间内没有好好用餐，便撤走饭菜并且不能在接下来的一餐之前吃任何零食或者水果。

再者，家庭成员教育方式要统一，共同遵守规则。有的家长表示，自己想规范孩子吃饭行为，但爷爷奶奶等老人会比较心疼、娇惯孩子，因此出现了教育方式的冲突，这样不利于孩子良好用餐习惯和专注力的培养。

最后，当孩子表现好且能够专注进食时，应及时鼓励、表扬孩子，强化这种良好进餐行为的形成（图1）。

图1　鼓励儿童专注进食

（陈姝）

一〇四、孩子上课不认真，但看电视、 玩游戏时非常专注,该怎么办?

想了解这个问题，首先要了解孩子的注意类型，注意分为主动注意和被动注意。

1. 主动注意

主动注意也叫随意注意、有意注意，是指有预先目的，需要一定意志努力的注意。比如，孩子专心听课，认真写作业，需要孩子专注于这件事并且聚精会神地思考，这种服从于预定目的并且经过一定意志努力的注意，用到的就是主动注意，也就是我们希望训练的注意力。

2. 被动注意

被动注意也叫不随意注意、无意注意，是指没有预先目的，不需要意志努力的注意。比如，一个东西非常新奇，有很美的色彩，很悦耳的声音，不停变换的新鲜内容，和周围的环境截然不同，这样的东西你不专门注意也能留意到。比如电视广告、动画片、游戏，它们吸引的更多是孩子的"被动注意",因此孩子特别容易入迷。

家长需要观察孩子在活动的过程中是主动努力去注意还是被动地参与注意,比如有没有付出脑力劳动,是单纯被各种画面吸引还是有创造力的加工等。以看书为例,同样是看1小时书,如果孩子只是随便地翻书、无目的地抄写,书本的内容没有进入大脑的记忆,也没有经过自己加工提取,这便只是造成了专注的假象;如果儿童通过阅读,对相关概念进行理解,信息能够进入到长期记忆中,便是注意力集中,是主动注意。

休闲时玩玩手机、看看电视,这种注意力不需要主动努力,大脑功能没有被调动起来;游戏其实也是用其丰富炫目的画面、关卡等吸引玩家的注意,不需要孩子的大脑主动调动注意力就可以专注很久,也属于被动注意。所以在这种情况下,目不转睛地看一天也不能说明孩子的注意力是集中的。

培养孩子的主动注意力,以下方法可以借鉴。

★合理控制电子产品的使用,过度使用电子产品会干扰孩子的睡眠和注意力。家长可增加亲子户外活动,如跑步、跳绳、球类运动等。

★在游戏中训练孩子的注意力，例如"萝卜蹲""跳格子""木头人""找不同""走迷宫""苏特尔方格""词语接龙"等。

★鼓励孩子参加一些感兴趣的活动，如阅读、绘画、音乐，帮助孩子培养兴趣和爱好，这样也可以增强孩子的专注力和耐心。

★建立奖励机制，通过奖励来激励孩子提升主动注意力，完成任务或达成目标时，可以给予孩子一些小奖励，例如表扬或小礼物。

（陈姝）

一○五、孩子爱拔自己的毛发，
这是怎么回事？

如果孩子爱拔自己的毛发，且符合下面的标准，可以考虑为"拔毛癖"：

★在拔毛前或者试图控制拔毛行为时会产生紧张感。

★拔毛行为发生时会有放松感、愉快感和满足感的体验。

★普通内科疾病等不能解释这种拔毛行为的发生。

★拔毛行为导致学习、工作、社交或其他功能显著损伤。

拔毛癖是精神心理疾病之一，可能是精神紧张焦虑等因素或家庭因素所致，其特征是冲动性拔毛导致毛发丢失。拔毛之前通常有紧张感增加，拔完之后有如释重负感或满足感。在世界卫生组织编写的《国际疾病分类（第十版）》（ICD-10）中，将拔毛癖归类于精神行为控制障碍部分。

诱发拔毛行为发生的原因主要有以下方面。

1. 生理原因

毛发的颜色异常（如灰色）、形状异常（如卷曲或终端分叉）或质地异常（如粗糙）。

2. 心理原因和家庭原因

对自己外貌的否定；害怕他人有否定自己的评价；学习压力过大；受到教师批评而体验到某些负性情绪（如紧张、焦虑）；在家里感到缺少亲情爱护、突然失去家人的宠爱、父母的打骂等引起的相应情绪体验（如焦虑、孤独、愤怒等）；父母吵架、分居、突然和熟悉的抚养者分开等家庭因素；家人对孩子要求比较严格；父母一方或双方性格相对强势且容易暴躁；父母很少与孩子接触，或父母很少关心孩子；孩子内向言浅，不管是在家里还是在学校都不怎么说话，朋友少；孩子自尊心相对较低，且自信心不足，对事情的控制感比较差，等等。

3. 环境因素

环境因素包括无所事事的无聊状态，如听课、学习、看书、看电视、洗澡或躺床上时，均比较容易诱发拔毛的行为。

孩子出现拔毛癖，大多是因为他们与家人的心理冲突或在学校经历的心理冲突，并出现焦虑和抑郁情绪而导致，故预防和治疗拔毛癖，家长们需要做到以下方面：

★找出孩子焦虑紧张的问题所在。

★家长要多和孩子沟通，通过聊天和亲子活动改善亲子关系，改变造成孩子问题的教育方式，鼓励孩子跟爸爸妈妈说心里话。

★促进亲子关系的同时分散孩子的注意力。

★孩子症状较重或前述无效的情况下，必要时家长应带孩子寻找心理治疗师进行治疗。

（陈姝）

一〇六、孩子吃东西总是干呕，
该怎么办？

为什么孩子在吃东西的时候总是不喜欢咀嚼，或者是吃进去就喜欢干呕呢？相信有些家长在孩子进食过程中会遇到这些问题。那我们就要注意了，这可能是孩子出现了口部肌肉敏感度异常的情况。口部肌肉敏感度异常有以下表现。

1. 提示孩子口部肌肉敏感度较低的情况

★吞咽后口腔内剩余大量食物。

★不能感觉到有食物黏在脸上及嘴唇周围。

★不能感觉口腔内有口水积聚或已经流出嘴外。

★咀嚼时间较长。

2. 提示孩子口部肌肉敏感度较高的情况

★不喜欢用毛巾抹脸或抹嘴。

★不喜欢刷牙。

★挑食、偏食。

★当食物或食具进入口腔，容易有作呕反应。

那家长们如果遇到这种问题，应该怎么办呢？

1. 针对口部肌肉敏感度较低的孩子

★增加面部的干湿觉、冷热觉刺激。

★用手指刷或毛刷刺激面部、口周直至口腔内部，徒手对面部及口周肌肉进行按摩。

★让孩子咀嚼不同质地和味道的食物，如对口腔刺激感较强的酸、脆、冷、粗糙、硬的食物。

2. 针对口部肌肉敏感度较高的孩子

★双手在唇中央并向周围轻轻按压或抚摸，待孩子习惯后逐渐加上对牙龈、牙齿及舌头的按摩。

★将泥状食物涂抹在孩子手指上，轻柔地引导孩子舔食。

★找出孩子可以接受的味道，用口腔海绵棒做刺激训练，如蘸冰水刷孩子的牙龈一周、蘸柠檬水刺激孩子的上颚及舌头等。

★用棉棒冷热交替刺激相关部位。

（任露）

一〇七、孩子常常口水多得把衣服
打湿，该怎么办？

家长们可能会遇到这种情况，就是孩子口水很多，常常把衣服打湿，这是怎么回事呢？孩子爱流口水可能与唾液产生过多、吞咽不足、半张着嘴没有兜住口水等有关，这可能涉及孩子的头部及颈部控制问题、口部肌肉敏感度较低和儿童口腔肌肉控制等问题。

如果是孩子的头部及颈部控制问题，建议从改善姿势开始，正确的姿势为孩子的头颈部呈直线。

如果孩子的口部肌肉敏感度较低，可增加孩子对面部及口腔内外的敏感度，建议可进行如下训练：

★增强面部的干湿感觉（如用干及湿的毛巾交替抹孩子的面部）。

★增强面部的冷热感觉（如用冰块及暖蛋交替按孩子面部的不同位置）。

★抹、扫、擦、轻敲或震荡孩子唇部附近或口腔的肌肉（如用手指、海绵棒、手指刷、牙棒、震荡器等物体在口腔的不同位置，以快速且轻的力度进行口腔按摩，图1）。

图1 口腔敏感度训练

★尝试将不同温度、味道或质地的食物放在孩子口腔内的不同位置（如让孩子进食酸奶、米饭、棉花糖、橡皮糖等不同质地的食物）。

如果是孩子口腔肌肉的控制出现问题，建议家长可使孩子进行如下训练：

★下腭肌肉的运动，以提升孩子下腭肌肉的力量及稳定。

★吹气练习，以提升孩子面颊、嘴唇及舌头的动作协调能力。

★用长吸管练习喝水，以改善孩子合唇及舌后跟部的力量（图2）。

图2　长吸管练习

★咬肌训练，增加咬肌肌力。

★舌头舔唇练习，增强舌头灵活度。

（任露）

一〇八、孩子从小就不听话、胆子大，常打人搞破坏，该怎么办？

有些家长反映自己的孩子特别难管教，经常在外面打架闯祸，甚至做出一些出格的事情，什么方式的批评教育都不听，真不知道该怎么管他了。这有可能是孩子患有"儿童品行障碍"。下面请各位家长跟我们一起了解什么是儿童品行障碍。

品行障碍，是指在儿童期反复持续出现的攻击性和反社会性行为。这些行为违反了与年龄相适应的社会行为规范和道德准则，影响了儿童本身的学习和社会化功能，损害了他人或公共利益。品行障碍发展至青少年时期，可能转化为青少年违法。

儿童品行障碍的确切病因尚不明确，目前认为主要与生物学（遗传）、心理学（不良的家庭因素是重要原因）及社会环境因素密切相关。国内调查发病率为 1.45%—7.35%，男高于女，男女比约为 9：1，患病高峰年龄为 13 岁。

儿童品行障碍（图1）的临床表现主要有以下方面：

图1　儿童品行障碍

★攻击行为，包括身体攻击和言语攻击，2—3岁时的攻击行为表现为发作性暴怒、吵闹，摔打物品或玩具，以后逐渐变为违拗和拒绝服从。

★说谎。

★偷窃，偷窃行为在幼儿园时期就可能出现。

★厌学、逃学和离家出走、流浪不归。

★恶作剧、欺负虐待弱小。

★破坏行为。

★违拗对抗、不遵守规定、不接受批评。

★纵火。

★物质滥用。

儿童品行障碍的治疗，主要采用教育与心理治疗相结合的方式。药物并无明显的疗效；行为矫正治疗尤为重要，比如阳性强化法、惩罚法、问题解决技能训练。家庭治疗、社区治疗以及社交技能的训练几方面应共同配合。

温馨提示

各位家长，品行障碍的治疗效果较差，少数患者预后较好、多数预后不良，因此预防有着重要意义，预防越早效果越好。当你发现你的孩子有上述不好的行为时，请及早就医、及早干预。

（冯梅）

一〇九、孩子上小学了，上课坐不住、调皮捣蛋，该怎么办？

有些家长会发现，自己的孩子总是安静不下来，小动作特别多，小时候觉得孩子就是特别活泼，但是上小学后问题就来了。孩子在学校根本不听老师指令，一节课坐不了10分钟就离开座位调皮捣蛋去了，导致老师天天找家长。这种情况可能是小孩患有儿童注意缺陷与多动障碍，简称"儿童多动症"（图1）。下面请各位家长跟我们一起了解什么是儿童多动症。

图1　儿童多动症

儿童多动症是一种儿童发育障碍性疾病。中国儿童多动症的患病率为 1.3%—13.4%，男多于女，近半数患者在 4 岁以前起病，但多数是进入小学后才就诊，其中 70% 的症状会持续到青春期，30% 会持续终身。发病原因主要包括以下方面：

★遗传。

★神经递质异常。

★神经解剖和神经生理异常。

★神经发育异常。

★家庭和心理社会因素。

儿童多动症的主要临床表现如下：

★注意障碍是本病最主要的一个症状表现，患儿注意力不集中，不能长时间专心做一件事。

★活动过多并有冲动行为。

★学习困难，学习效率低；神经和精神的发育异常导致精细动作、协调运动等发育较差。

★部分患儿还共病有其他精神障碍，其中共患品行障碍占 40%（做出一些严重冲动及违纪的行为）、焦虑障碍占 31%、抽动障碍占 11%、心境障碍占 4% 等。

当然，各位家长也不用过于担心，当我们觉得孩子有上述表现，怀疑其有多动症时，应该及时带孩子到精神心理专科医院做相关的筛查与诊断。如果确诊是儿童多动症就需要采取综合干预措施，医生会根据患儿及其家庭的特点，制定综合性的治疗方案。治疗方案主要包括心理治疗、特殊教育以及药物治疗。药物可以改善患儿注意缺陷，提高注意力、降低活动水平，在一定程度上提高其学习成绩，短期内改善患儿与家庭成员的关系；另外，对家长的教育和培训也是必不可少的。

温馨提示

各位家长，多数多动症患儿症状持续到少年期以后会逐渐缓解，少数会持续到成人期，总体预后效果不错。家长们不要觉得孩子只是贪玩、不认真、太调皮，或是觉得没面子而不愿带孩子去就诊，早期正规的治疗以及教育训练对患儿恢复至关重要。

（冯梅）

一一〇、孩子怕黑，害怕一个人去厕所，
非得大人陪着，该怎么办？

有些家长反映自己的孩子胆子特别小，特别害怕某一个地方或者某一种动物，这是怎么回事呢？有什么方法能让他胆子变得大一些吗？其实这有可能是小孩患有"儿童恐怖症"。下面请各位家长跟我们一起了解什么是儿童恐怖症。

图1 儿童恐怖症

儿童恐怖症是对某些物体或者特殊的环境产生异常强烈的恐惧，并伴有焦虑情绪和自主神经功能紊乱的症状，而患儿遇到的事物与情景并无危险，或有一定危险但其表现的恐惧大大超过了客观存在的危险程度，由此产生的回避退缩行为会严重影响患儿的正常学习生活和社交等。

儿童恐怖症的确切病因尚不明确，目前主要认为是生物学、心理学及社会环境因素多方面共同作用而致病。女性患病率高于男性，城市高于农村。

儿童恐怖症的临床表现主要有以下3点：

★患儿对某些物体或特殊环境产生异常强烈、持久的恐惧，虽然有时候知道其并没有实在的危险，但是无法控制恐惧与焦虑情绪，内心极其痛苦，可具体表现为动物恐怖（如蜘蛛、狗）、疾病恐怖（如出血、死亡）、社交恐怖（如新环境、陌生人）和特殊环境恐怖（如电梯、厕所）。

★患儿有回避的行为，表现为逃离恐怖现场。

★患儿伴有自主神经功能紊乱的表现，比如心跳加速、出汗、呼吸急促、小便不能自控等。

儿童恐怖症的治疗需要综合治疗，以心理行为治疗为主、药物治疗为辅。心理行为治疗包括系统脱敏法、实践脱敏法、冲击疗法、暴露疗法，以及正性强化法、示范法等。行为治疗结合支持疗法、认知治疗、松弛治疗、音乐及游戏疗法，一般可取得较好的疗效。对于症状严重的患儿，可给予小剂量的抗焦虑药物或者抗抑郁药物进行短期治疗。

温馨提示

各位家长，儿童恐怖症经过治疗就能得到较好的疗效，如果你家孩子有这样的情况，请及早就医，并给予他们足够的鼓励和关爱。就医后，在医师的指导下，给予孩子正规的治疗与训练，让他们逐渐克服恐惧，回归正常生活，恢复社会化功能。

（冯梅）

一一一、孩子上小学后越来越不爱说话了，学习也跟不上，还总是发脾气，这是怎么回事？

有些家长反映自己的孩子上小学后，脾气变大了，不爱说话了，动不动就发脾气，学习成绩也下降了，还担心孩子是不是叛逆期来得太早了。其实，这有可能是孩子患有"儿童抑郁症"（图1）。下面请各位家长跟我们一起了解什么是儿童抑郁症。

图 1　儿童抑郁症

儿童抑郁症是指以情绪抑郁为主要临床特征的疾病，患儿在临床表现上具有较多的隐匿症状、恐怖和行为异常，由于患儿认知水平有限，不能像成人患者那样感知和说出自己的情感情绪体验，比如罪恶感、自责感等，因此患儿往往以一些特殊的行为或动作表现出来。儿童抑郁症的发病原因与遗传因素、心理社会因素、精神生化因素等多方面密切相关。一般学龄前儿童抑郁症患病率是很低的，约为 0.3%，到了青少年期发病率为 2%—8%。

儿童抑郁症的主要表现有以下方面：

★有的孩子会烦躁不安，对自我持否定态度，但可能表达不出来。

★部分孩子会存在睡眠问题，每当要入睡的时候，孩子就会想起特别不开心的事情。

★有的孩子是学习成绩变差，不愿意去上学或者是参与集体活动。

★有的孩子在压力下，更多表现出身体上的不舒服，比如食欲和体重下降，或者是反复发作的头痛、腹痛等躯体不适。

★孩子最核心的表现是情绪沮丧、丧失兴趣，另外攻击和破坏行为也可能是抑郁症的表现之一。

关于儿童抑郁症的治疗，对于有明显抑郁症状的儿童，如果症状持续6周以上是需要及时干预治疗的，常用抗抑郁药治疗，配合心理治疗和家庭治疗，个别症状严重者必要时可能还会进行特殊治疗。

温馨提示

各位家长，一个和谐且充满爱的家庭环境，对孩子的生理、心理发育至关重要，请建立起良好的亲子关系，多给孩子陪伴，多与孩子沟通。如果孩子出现了抑郁症表现，请及时带其至心理专科医院诊断及治疗，帮助孩子早日赶走阴霾，重见阳光。

（冯梅）

一一二、孩子有点儿奇怪，说能听见
　　　　外星人说话，这正常吗？

　　有的家长反映自己的孩子总是一个人有说有笑的，若问他，他便说是有外星人在跟自己说话；还有的孩子说自己的玩具在跟自己说话。这是因为他们玩得太入迷了吗？这正常吗？其实，这有可能是孩子患有"儿童精神分裂症"。下面我们来具体了解一下什么是儿童精神分裂症。

　　据统计，约2%的精神分裂症患者是在儿童时期起病的，5岁前起病极其罕见（多见于自闭症），5—10岁发病率逐渐提高。

　　儿童精神分裂症患儿早期可能表现为不遵守学校纪律、活动过度、上课注意力不集中、学习成绩下降，这些表现容易与注意缺陷与多动障碍相混淆，但后续会逐渐出现精神分裂症的特征性症状，比如幻觉、妄想等。儿童精神分裂症的症状虽与成人症状相似，内容却与年龄相关，一些患儿经常认为幻听来自宠物或者玩具，而且"怪兽主题"很常见。随着孩子年龄的增长，幻觉、妄想会变得更加复杂和详细，并逐渐出现情感淡漠、孤僻离群、行为怪异等表现，甚或伴有思维障碍、感知觉异常和言语异常等表现。

儿童精神分裂症的发病原因中，遗传因素尤为重要。治疗方面与成人精神分裂症一样，需要抗精神病药物治疗，值得注意的一点是孩子起病年龄越小，预后越差。

温馨提示

家长们若发现孩子有一些言语和行为方面的异常，请及早带其至精神专科医院进行检查与诊断。如果孩子被确诊为精神分裂症，早期的足量、足疗程的规范抗精神病药物治疗至关重要，越早治疗效果越好，治疗期间切忌自行减药及停药。部分患儿经过规范治疗后，能够回归正常学习及生活。

（冯梅）

一一三、一旦大人离开，孩子就大吼大叫、哭闹不止，该怎么办？

有的家长反映自己的孩子特别黏人，一步也离不开大人，一旦大人离开就大吼大叫、哭闹不止，这正常吗？该怎么办呢？其实，这有可能是孩子患有"儿童分离性焦虑"（图1）。下面我们来具体了解什么是儿童分离性焦虑。

图1　儿童分离性焦虑

儿童分离性焦虑又称分离性焦虑症、离别焦虑症，一般起病于童年早期，多发于3—15岁，发病高峰是6—11岁，少数可持续到成年期。国内流行病学显示，男性患病率为0.5%、女性为2.5%，性别差异在儿童期不明显，但在青春期发病人群中多见于女性。

儿童分离性焦虑的发病原因包括以下方面：

★遗传因素，本病具有一定的家族聚集倾向，约12%的患儿有家族史。

★环境因素，家庭环境及儿童本身的个性特征与本病的发生密切相关，如父母采用过度控制、过度保护或恐吓丢弃等不良教养方式，儿童会形成内向、胆小、害羞、依赖性强等个性特征。

★生活心理应激因素，在儿童出现分离性焦虑之前，往往有生活事件诱因，如亲人重病或去世、家庭矛盾冲突、父母生病、父母离异、儿童初次上幼儿园、搬家、转学等。

儿童分离性焦虑障碍临床表现为患儿持续过度担心害怕与主要依恋对象分离，因害怕分离而持续表现为不愿意或拒绝出门、离家、上学或单独就寝等，没有依恋者陪伴就不肯入睡、害怕独处，部分患儿拒绝外出活动，经常做与分离有关的噩梦、多次惊醒，还可能伴有躯体症状，一旦与主要依恋者分开就出现头痛、恶心、呕吐、腹痛、腹泻等症状。患儿与依恋对象分离时或分离后会出现过度的情绪反应，包括烦躁不安、哭喊、发脾气、痛苦或冷漠、社会性退缩。

儿童分离性焦虑症的主要治疗方法包括支持性心理治疗、认知行为治疗、家庭治疗、药物治疗，可以根据患者具体情况进行选择。

温馨提示

若孩子特别依赖大人，且经常出现头痛、呕吐、腹痛等躯体症状，可考虑优先去儿科就诊。若在儿科排除了器质性疾病，依然出现上述躯体症状且对分离有过度焦虑和害怕等异常表现时，应带其至精神心理科就诊。

（冯梅）

一一四、孩子说话、走路都比其他孩子慢，这是什么原因呢？

有些家长发现孩子说话、走路都比同龄的其他孩子慢一些，有些可能都两三岁了还不会叫爸爸妈妈，很担心孩子是不是有什么问题。这有可能是孩子患有"儿童精神发育迟滞"（图1）。下面我们一起了解什么是儿童精神发育迟滞。

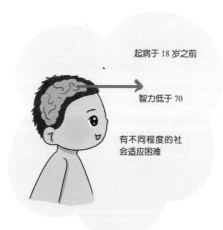

起病于18岁之前

智力低于70

有不同程度的社会适应困难

图1　儿童精神发育迟滞
（参见《中国精神疾病分类与诊断标准 第二版》）

儿童精神发育迟滞，顾名思义，就是指个体在发育阶段（通常是指 18 岁以前）由于生物学因素、心理社会因素等原因而引起的，以智力发育不全或受阻和社会适应困难为主要特征的一组综合征。这是一种比较常见的临床现象，也是致残的重要原因之一。该病在发达国家患病率为 5‰，发展中国家为 46‰。

儿童精神发育迟滞的具体发病原因有以下方面：

★产前因素：遗传、感染、中毒、营养不良、物理化学如放射线等。

★产时损害：宫内窘迫、出生时窒息等。

★产后因素：出生后出现中枢神经系统感染、颅脑外伤、缺氧、中毒等。

★心理社会因素：遭受隔离、刺激、虐待等。

精神发育迟滞的孩子，临床主要表现为智力低下和社会适应困难，按严重程度可分为以下几种：

★轻度（IQ 50—69）。

★中度（IQ 35—49）。

★重度（IQ 20—34）。

★极重度（IQ < 20）。

精神发育迟滞的治疗原则为早期发现、早期诊断、早期干预，运用教育训练、药物治疗等综合措施，可促进患儿智力和社会适应能力的发展。治疗以照管、训练、教育、促进康复为主，并结合病因和具体病情采取相应的药物治疗方式。药物治疗方式包括病因治疗和对症治疗，比如苯丙酮尿症、先天性甲状腺低下等的对因治疗，控制精神症状的对症治疗，以及使用促进和改善脑细胞的药物。

温馨提示

各位准妈妈在孕前、孕期、产前、产后均要注意营养的补充，避免感染，避免接触有害放射性物质。科学育儿，可以尽量避免客观原因导致的儿童精神发育迟滞的发生几率。

（冯梅）

一一五、小孩总是咬指甲或咬衣服，
　　　这是怎么回事？

有些家长发现孩子有一些小习惯，如经常咬自己的指甲或是咬自己的衣服，有时把衣领都咬变形了，而且自己无法帮他纠正，这是怎么回事呢？这种孩子有可能是患有"儿童行为障碍"。下面我们一起了解一下什么是儿童行为障碍。

儿童行为障碍是儿童的行为偏离一般正常规律的病理现象，它的发病率很高，主要表现分为两方面：

★一方面是儿童中常见的心理、生理行为偏异，比如遗尿、厌食、偏食、夜惊、梦魇、睡行、口吃等。

★另一方面是一些习惯性的动作，比如吸吮手指、咬指甲、咬衣襟等，以及习惯性抽动如眨眼、努嘴、耸肩等。

儿童行为障碍的发病原因有很多，包括以下方面：

★多数是发育问题，这与暂时性心理生理发育延迟有关。

★有些行为障碍属于习惯性质，开始时是偶然发生的，但由于不断得到强化，便逐渐固定下来形成习惯。比如，咬指甲开始时可能只是模仿他人的行为；习惯性抽动开始时往往是对帽子过小、衣领太紧、毛织物刺激等具体原因的反应，但由于甩头扭颈等动作可以缓解不适或获得舒适快感而使行为得到强化，以致形成习惯性动作。

★有些行为障碍的发生与环境影响不良、教养失当有关，比如吸吮手指的习惯，常发生于孩子孤独无聊、缺乏玩具或游戏的情况之下。

★少数行为障碍是器质性疾病的结果，比如少部分儿童遗尿是由于器质性疾病所致，常见的病因为膀胱及尿道发育异常。

当然，各位家长也不用过于担心，当我们怀疑孩子有一些行为障碍的时候，应该及时带其到专科医院做相关的检查，明确病因，根据病因对症治疗。

儿童行为障碍的治疗强调综合治疗，医生、家长、教师需要多方协作，给予孩子关怀和引导，采取切实有效的措施。儿童行为障碍所涉及的都是一些具体的单独行为，所以适用于行为治疗，而且实践证明行为治疗对于遗尿、口吃、习惯性的动作疗效显著。当然，必要时我们会借助一定的药物作为辅助治疗。

温馨提示

各位家长，在日常生活中，我们要多给予孩子爱和陪伴，多多关注孩子的行为动作，对异常行为做到早发现、早就诊、早干预治疗。

（冯梅）

一一六、孩子总是自己一个人玩，
不跟其他人说话，这是
怎么了？

有些家长发现孩子喜欢自己一个人玩一些小玩具，很难与他人交流和互动，叫他也不理，自己有需求也不会表达。这有可能是孩子患有"儿童孤独症"。下面我们就一起了解什么是儿童孤独症。

患有儿童孤独症的孩子很难与他人交流和互动，存在语言障碍的症状。遗传学研究显示其有如下病因：

★遗传是儿童孤独症的主要病因，遗传率超过90%。

★产伤、宫内窒息、感染、免疫系统异常、神经内分泌和神经递质功能失调等因素均可导致儿童孤独症的发生。

★此病起病于婴幼儿期，一般在孩子3岁前缓慢起病，发病男孩多于女孩，约为3.4：1。

★约有3/4的儿童伴有明显的精神发育迟滞，

不同程度的言语发育障碍，以及人际交往障碍、兴趣狭窄（比如喜欢一些非玩具性的物品，转动瓶盖、观察风扇、反复触摸和嗅闻绒毛物品）、行为方式刻板（经常固执地保持日常生活的程序，每天在相同时间、相同地点做着相同的事）等。

儿童孤独症的患儿主要存在社会交往的障碍，包括语言和非语言的交流障碍。在不同的生长发育阶段，交往障碍的特点也不同。在婴幼儿时期，患儿不愿意与人贴近，不喜欢被抱，回避与他人的目光接触，对人的声音缺乏兴趣和反应。在幼儿期，患儿不依赖抚养者，不听从主要抚养者的指令，仍回避与他人的目光接触，不能与同龄儿童建立伙伴关系，不会正常表达与他人正常交往的情感。在学龄期，患儿语言单调、刻板，不能根据社交情境、环境等调整自己的行为。成年后，部分患者可能对异性产生兴趣，但不能建立正常的恋爱和婚姻关系，因为患者缺乏真正的社会交往兴趣和社交能力，可能需要被终身照顾。

各位家长也不用过于担心，当觉得孩子有上述表现时，应及时带孩子到专科医院做相关的检查与诊断。如果孩子确诊患儿童孤独症就需要采取综合干预措施，包括教育训练、行为矫正和药物治疗，其中教育训练是最主要且最有效的方法，这需要家长充分发挥自身的作用，父母及照料者的陪伴关爱与教育训练对患儿康复至关重要。

温馨提示

各位家长，某些自闭症患儿在某些方面具有比正常孩子更高的特殊能力，比如数学、音乐、美术等方面，请给予孤独症患儿更多的耐心和爱心，让这颗不一样的星星发出别样的光辉。

（冯梅）

一一七、孩子经常挤眉弄眼，时常 发出怪声，这是怎么回事？

有的家长反映孩子从小就有一些奇怪的面部表情动作，比如挤眉弄眼、皱额头、耸鼻、摇头等，有时还会从喉咙里发出点儿声音，这是怎么回事呢？其实，这时家长就要注意孩子患有"儿童抽动障碍"的可能，下面我们来具体了解一下什么是儿童抽动障碍。

儿童抽动障碍是一组主要起病于儿童和青少年时期，表现为运动肌肉和发声肌肉抽动的疾病。其在临床上分为短暂性抽动障碍、慢性运动或发声抽动障碍、抽动秽语综合征3种临床类型。

儿童抽动障碍的病因至今尚未完全明确，其可能与遗传因素、神经生理、神经生化及环境因素等有关。

儿童抽动障碍的临床表现为以下方面：

★短暂性抽动障碍是最常见的亚型，多起病于3—10岁，其中4—7岁最多，最早的可能2岁就起病，表现为简单运动抽动。这通常局限于某一个部位的一组肌肉或两组肌肉群，首发于头面部者最多，比如眨眼、皱额、歪嘴、耸肩、摇头、头部抽动等，少数表现为简单地发声抽动症状，如清嗓子、咳嗽、喷鼻、发"啊"等单调声音或犬叫声等，抽动障碍会在1天内多次发生，至少持续2周，但不超过1年。

★慢性运动或发声抽动障碍，同样起病于儿童成长早期，以简单或复杂运动抽动最为常见，抽动部位除头面部、颈部和肩部肌群外，还常常发生在上下肢和躯干肌群，症状形成一般持久不变，并且需要超过1年以上的病程。

★抽动秽语综合征，这是一种发声与多种运动联合抽动障碍，是抽动障碍中最为严重的一型，通常起病于2—15岁，平均为7岁，以进行性发展的多部位运动抽动和发声抽动为主要特征。抽动形式从简单到复杂，抽动部位逐渐增多，可从面部逐渐累及四肢或躯干，发生频率也会增加，约30%的情况最后会出现秽语症或猥亵行为。

儿童抽动障碍的治疗以及时的综合治疗为原则，

包括药物治疗及心理治疗等，影响包括以下方面：

★ 短暂性抽动障碍预后良好，症状在短期内逐渐减轻或消失。

★ 慢性运动或发声抽动障碍症状迁延，但对生活学习影响不大。

★ 抽动秽语综合征预后较差，需要较长时间的服药才能控制症状，停药可导致复发。

温馨提示

当你的孩子经常有眨眼睛、戳鼻子、耸肩、清嗓子等习惯性动作时，一定要及时就诊，这需要排除神经系统疾病，也需要排除五官科的疾病，还需要注意这种抽动表现是不是入睡以后就消失了。家长们一定要多多关注孩子的习惯表现。

（冯梅）

《育儿百科》编委会致力于帮助新手父母
掌握科学育儿知识，学习从容养育之道

本书由华西妇幼专家团组织编写
全书汇聚妇儿及儿童保健专科领域一线经验
全面、细致科普0—7岁儿童保健常见知识
采用科普漫画、问答对话的创作形式
内容专业严谨、风格生动活泼

《育儿百科》内容简介

随着我国社会的发展以及改革的不断深入，人们对健康的重视程度逐年提升，而作为约占全国人口数量1/4的儿童，他们的身心健康发展，更是国人关注的重点，对于民族素质和国家发展都具有极其重要的影响。在健康中国建设发展背景下，社会更加关注儿童全方位的发展。0—7岁作为儿童生长发育黄金时期，全面、细致的专业儿童保健工作的意义尤为重大。

本书从儿童家长的实际需求出发，采用一问一答的"对话"形式答疑解惑，将儿童保健各专业的医学知识以通俗易懂的方式传递给0-7岁儿童的家长、教师和儿保人员，让儿童家庭、幼托机构以及儿童保健从业人员共同助力我国0-7岁儿童的健康成长。

《育儿百科》编委会简介

本书编撰团队由来自全国著名三甲专科医院——四川大学华西第二医院的知名专家带领组织编写，编委会的各位专家在我国妇女及儿童保健专科领域，具备极高专业水平、拥有非常丰富的临床诊疗经验；同时，编委会成员成员还包括来自基层妇幼专科医疗机构的医务工作者，编辑内容囊括了多层次、全方位的专业需求；在内容创作上，编委会把亲和的问答形式与温馨的科普漫画相结合，真正做到了将"高精尖"与"接地气"有机结合。

《育儿百科》编委会团队成员从主编到编委，多年来一直在专业上精益求精，同时也肩负提升医学教育质量、推动儿童保健事业发展的社会职责，本书的编著出版正是他们多年来积极投身医学科普宣传教工作的经验总结。

以平常的心、
科学的理念陪伴儿童的成长。

《育儿百科》荣誉主编
杨凡教授

（四川大学华西第二医院）

医学博士，教授/主任医师，博士生导师。现任四川大学华西第二医院儿童保健科主任。2003-2004年在日本Tottori大学进行儿童身材矮小以及性发育异常方面的研究。曾在美国Wolfson儿童医院和波士顿儿童医院进修学习。

现从事儿童生长发育及生长发育障碍性疾病的临床和科研工作。四川省第十二批学术和技术带头人。任中华医学会儿科分会儿童保健学组委员（2019年至今）、中华医学会儿科分会内分泌遗传代谢学组委员（2010-2019年）、中国医师协会儿童健康专业委员会常务委员、中国医师协会青春期健康与医学专业委员会委员、中国医师协会儿童保健专业委员会委员、四川省医学会儿科分会儿童保健及发育行为学组组长、四川省医学会儿科分会内分泌遗传代谢学组副组长、四川省医学会医学遗传学专业委员会常务委员、四川省营养学会理事、四川省营养学会妇幼营养分会副主任委员。主持和参与国家自然科学基金等课题8项、参编专著8本、发表论文60余篇。

每个孩子都是独一无二的，
让我们以科学理念，关爱孩子，
为他们量身定制最适宜的培育方案。

《育儿百科》第一主编

陈大鹏教授

（四川大学华西第二医院）

医学博士，教授/主任医师，硕士生导师，现任四川大学华西第二医院党委副书记兼纪委书记。四川省卫健委学术技术带头人、四川省学术技术带头人后备人选，1998年起一直在四川大学华西第二医院儿科从事医、教、研工作。在国内外核心期刊上发表论文60多篇，主编本科教材《儿童呼吸治疗学》，参编参译专著7部。

作为负责人，承担有世界卫生组织、四川省科技厅科技支撑计划、成都市科技局人口与健康项目、四川省卫生厅项目，并作为主研人员参与卫生部临床学科重点建设项目及国家自然科学基金的研究。作为主要成员，获中华医学科技奖二等奖、四川省医学科技奖三等奖、四川省医学科技一等奖及四川省科技进步一等奖。学术任职：中华医学会儿科分会基层儿科发展专业委员会副主任委员、中国医师协会新生儿分会新生儿复苏专业委员会副主任委员、中国医师协会新生儿分会委员、四川省医学会儿科分会委员、四川省医学会儿科分会新生儿学组副组长、四川省预防医学会出生缺陷预防与控制分会副主任委员、四川省康复医学会儿科分会常务委员、成都市围产医学会主任委员。

科学育儿，
让孩子在快乐中学习、健康中成长。

《育儿百科》第二主编
杨帆教授

（四川大学华西第二医院）

医学博士，主任医师/教授，硕士生导师。现任成都市成华区妇幼保健院书记。国家科技专家库专家；四川省学术技术带头人后备人选；四川省卫健委学术技术带头人后备人选；四川省产前诊断专家、四川省妇幼保健机构评审专家；成都市科技评估专家；成都市妇幼健康服务专家。

参与多期国家及省级妇产科超声学习班的授课，多次参加各级学术会议并做发言；负责及参与多项国家及省部级科研工作；工作以来，作为第一作者或通讯作者发表SCI、Medline、核心期刊等论文40余篇，主编、参编学术专著6部，专利2项。担任多项国家、省及市级学会主任委员或委员，包括：国家卫生健康委能力建设和继续教育超声医学专家委员会儿科组委员、中国超声医学工程学会生殖健康与优生优育超声专业委员会委员、中国妇幼保健协会妇女保健专科能力建设专业委员会委员、中国医药教育协会超声医学委员会产前超声学组委员、四川省医学会超声医学专业委员会委员、四川省医学会超声医学专业青年委员会副主任委员、四川省预防医学会盆底疾病防治分会常务委员、成都市超声医学工程学会理事等。

科学育儿，

让孩子在关爱中探索未知的世界。

《育儿百科》第一副主编

翟松会副教授

（四川大学华西第二医院）

医学博士，副主任医师，现任成都市成华区妇幼保健院院长。从事儿科临床工作10余年，擅长儿科常见病、多发病诊治，主要从事儿童免疫、肾脏疾病诊治、儿童肾脏病理、儿童血液净化、遗尿症的临床及科研工作。

2017年赴美国哈佛医学院波士顿儿童医院访问学者，主持参加国家及省部级科研项目7项，参编专著5部。多次参加国内外学术交流，并做大会发言。在国内、外核心学术期刊发表论文20余篇。任中华医学会儿科学分会肾脏青年学组委员、中国医师协会儿科医师分会儿童血液净化学组青年学组副组长、中国非公立医疗机构协会肾脏病透析专业委员会AKI及CRRT学组委员、中国优生科学协会妇儿免疫学分会委员、四川省女医师协会儿科分会常务委员、四川省医院协会妇幼健康管理分会常务理事。

提供良好的生活环境，
养成良好的生活习惯，
科学育儿保障孩子的健康成长。

《育儿百科》第二副主编
陈姝副教授

（成都市成华区妇幼保健院）

副主任医师，现任成都市成华区妇幼保健院儿童保健科主任。

2008年在广东省南海妇幼保健院进修儿童康复，分别于2018年、2020年在四川省妇幼保健院进修儿童保健和新生儿遗传代谢性疾病诊治专业。从事儿童保健工作10余年，积累了较为丰富的临床经验。参与多项国家级和省厅级科研课题研究，以第一作者身份在国内专业期刊杂志发表文章3篇。任四川省女医师协会儿科学专业委员会委员、四川省营养学会产后母婴与健康促进工作委员会委员、四川省健康管理师协会儿童健康管理分会委员、四川省优生托育协会儿童康复分会委员、成都市医疗质量控制中心基层儿童保健质控专家、四川省预防医学会儿童保健分会委员、四川省预防医学会医院临床营养分会委员。

欢迎关注尔文官方账号

豆瓣　　小红书

官方小红书：尔文Books
官方豆瓣：尔文Books（豆瓣号：264526756）
官方微博：@尔文Books